Saber Mefoued

Assistance/Rééducation des Mouvements du Genou avec une Orthèse Active

Saber Mefoued

Assistance/Rééducation des Mouvements du Genou avec une Orthèse Active

Commande Robuste d'une Orthèse Active pour l'Assistance Fonctionnelle aux Mouvements du Genou des Personnes Dépendantes

Presses Académiques Francophones

Impressum / Mentions légales

Bibliografische Information der Deutschen Nationalbibliothek: Die Deutsche Nationalbibliothek verzeichnet diese Publikation in der Deutschen Nationalbibliografie; detaillierte bibliografische Daten sind im Internet über http://dnb.d-nb.de abrufbar.

Alle in diesem Buch genannten Marken und Produktnamen unterliegen warenzeichen-, marken- oder patentrechtlichem Schutz bzw. sind Warenzeichen oder eingetragene Warenzeichen der jeweiligen Inhaber. Die Wiedergabe von Marken, Produktnamen, Gebrauchsnamen, Handelsnamen, Warenbezeichnungen u.s.w. in diesem Werk berechtigt auch ohne besondere Kennzeichnung nicht zu der Annahme, dass solche Namen im Sinne der Warenzeichen- und Markenschutzgesetzgebung als frei zu betrachten wären und daher von jedermann benutzt werden dürften.

Information bibliographique publiée par la Deutsche Nationalbibliothek: La Deutsche Nationalbibliothek inscrit cette publication à la Deutsche Nationalbibliografie; des données bibliographiques détaillées sont disponibles sur internet à l'adresse http://dnb.d-nb.de.

Toutes marques et noms de produits mentionnés dans ce livre demeurent sous la protection des marques, des marques déposées et des brevets, et sont des marques ou des marques déposées de leurs détenteurs respectifs. L'utilisation des marques, noms de produits, noms communs, noms commerciaux, descriptions de produits, etc, même sans qu'ils soient mentionnés de façon particulière dans ce livre ne signifie en aucune façon que ces noms peuvent être utilisés sans restriction à l'égard de la législation pour la protection des marques et des marques déposées et pourraient donc être utilisés par quiconque.

Coverbild / Photo de couverture: www.ingimage.com

Verlag / Editeur:
Presses Académiques Francophones
ist ein Imprint der / est une marque déposée de
AV Akademikerverlag GmbH & Co. KG
Heinrich-Böcking-Str. 6-8, 66121 Saarbrücken, Deutschland / Allemagne
Email: info@presses-academiques.com

Herstellung: siehe letzte Seite /
Impression: voir la dernière page
ISBN: 978-3-8381-7972-8

À mes parents, mes sources éternelles d'inspiration et de bénédiction,
À ma femme, mon modèle de passion, de patience et de persévérance,
À ma sœur et tous mes frères,
À toute la famille,
À tous mes amis.

Saber MEFOUED

Remerciements

Le travail présenté dans ce mémoire a été effectué, au sein du laboratoire LISSI à Vitry sur Seine, Université de Paris-Est Créteil.

Je tiens à exprimer mes profonds remerciements à Monsieur Yacine AMIRAT, Directeur du laboratoire LISSI et Professeur à l'IUT de Vitry-Créteil et Monsieur Samer MOHAMMED, Maître de conférence à l'IUT de Vitry-Créteil, pour avoir dirigé et co-dirigé ce travail, pour leurs nombreux conseils ainsi que leur soutien tout au long de cette thèse.

J'adresse mes remerciements particuliers à Monsieur Tanneguy REDARCE, Professeur à l'Université de Lyon, et à Monsieur Philippe FRAISSE, Professeur à l'Université de Montpellier II, pour avoir reporté mon manuscrit de thèse ainsi que pour l'intérêt qu'ils ont manifesté à l'égard de ce travail.

J'ai été honoré que Monsieur Gérard POISSON, Professeur à l'Université d'Orléans, ait accepté d'examiner ce travail et de présider le jury de ma soutenance. Je tiens aussi à remercier Monsieur Edouardo ROCON, Chercheur au CSIC Madrid-Espagne, pour être venu et avoir participé à ma soutenance entant qu'invité, Je tiens à remercier tous les membres, collègues et amis du LISSI, de l'Université de Paris Est-Créteil, de l'Université e Reims- Champagne Ardenne et de l'IUT de Troyes. J'espère qu'ils trouvent ici le témoignage de mon amitié et de ma reconnaissance.

Je ne saurais terminer sans remercier toute ma famille, qui m'a accompagné tout au long de mes études par leur amour inconditionnel et leur soutien constant. Je remercie aussi ma femme pour tout son soutien inconditionnel. Enfin, merci à tout ceux qui m'ont aidé de prêt ou de loin !

Table des matières

4

5

Nomenclature

m_1	masse de l'ensemble jambe-pied
m_2	masse de la cuisse
m_{11}	masse du segment inférieur de l'orthèse
m_{12}	masse du segment supérieur de l'orthèse
I_1	inertie de l'ensemble jambe-pied
I_2	inertie de la cuisse
I_{11}	inertie du segment inférieur de l'orthèse
I_{12}	inertie du segment supérieur de l'orthèse
$\mathfrak{R}_0(O_0, x_0, y_0, z_0)$	repère associé à l'articulation de la hanche
$\mathfrak{R}_1(O_1, x_1, y_1, z_1)$	repère associé à l'articulation du genou
k_1	coefficient déterminant la distance entre l'origine O_1 et G_1, le centre de gravité de l'ensemble jambe-pied
k_2	coefficient déterminant la distance entre l'origine O_1 et G_2, le centre de gravité de la cuisse
k_{11}	coefficient déterminant la distance entre l'origine O_1 et G_2, le centre de gravité du segment inférieur de l'orthèse
k_{12}	coefficient déterminant la distance entre l'origine O_1 et G_12, le centre de gravité du segment supérieur de l'orthèse
l_1	longueur de l'ensemble jambe-pied
l_2	longueur de la cuisse
l_{11}	longueur du segment inférieur de l'orthèse
l_{12}	longueur du segment supérieur de l'orthèse
τ_k	couple généré par le sujet contribuant au mouvement du genou
τ_{or}	couple généré par l'orthèse contribuant au mouvement du genou
f_{v_k}	coefficient de frottement visqueux de l'articulation du genou
$f_{v_{or}}$	coefficient de frottement visqueux de l'orthèse
f_{s_k}	coefficient de frottement sec (de Coriolis) de l'articulation du genou

$f_{s_{or}}$	coefficient de frottement sec (de Coriolis) de l'orthèse
θ	position angulaire de l'ensemble jambe-pied par rapport à l'axe $O_1 x_1$-sujet en position assise
$\dot{\theta}$	vitesse angulaire du système membre inférieur-orthèse
$\ddot{\theta}$	accélération angulaire du système membre inférieur-orthèse
θ_d	position angulaire désirée du système membre inférieur-orthèse
$\dot{\theta}_d$	vitesse angulaire désirée du système membre inférieur-orthèse
$\ddot{\theta}_{d_{or}}$	accélération angulaire désirée du système membre inférieur-orthèse
θ_g	position angulaire du genou, mesurée avec un électrogoniomètre
e	erreur de poursuite en position du système membre inférieur-orthèse
$\dot{e}$	erreur de poursuite en vitesse du système membre inférieur-orthèse
$\ddot{e}$	erreur de poursuite en accélération du système membre inférieur-orthèse
I_{eq}	inertie équivalente de l'ensemble jambe-pied-orthèse, $I_{eq} = I_1 + I_{11}$
$f_{v_{eq}}$	coefficient de frottement visqueux équivalent de l'ensemble genou-orthèse, $f_{v_{eq}} = f_{v_k} + f_{v_{or}}$
$f_{s_{eq}}$	coefficient de frottement sec équivalent de l'ensemble genou-orthèse, $f_{s_{eq}} = f_{s_k} + f_{s_{or}}$
$\tau_{g_{eq}}$	couple de gravité équivalent de l'ensemble jambe-pied-orthèse, $\tau_{g_{eq}} = (m_1 k_1 l_1 + m_{11} k_{11} l_{11}) g \cos(\theta)$

Chapitre I

Introduction générale

Le nombre croissant de personnes âgées dans le monde exige de relever de nouveaux défis sociétaux, notamment en termes de services d'aide et de soins de santé. Cette population vieillissante nécessite dans le très nombreux cas une assistance au quotidien pour l'accomplissement d'activités physiques comme : se lever, s'asseoir, marcher, monter des escaliers, etc. Avec les récents progrès technologiques, la robotique apparaît comme une solution prometteuse pour développer des systèmes visant à faciliter et améliorer les conditions de vie de cette population. Le développement de systèmes robotiques portables tels que les exosquelettes constitue actuellement un challenge important qui fait l'objet de nombreuses recherches à travers le monde. Outre l'assistance physique pour augmenter des capacités motrices des personnes âgées, ces systèmes constituent également des outils bien adaptés pour la rééducation fonctionnelle en cas de déficience physique.

Cette thèse a pour cadre le projet EICOSI (Exosquelette Intelligent Communicant Sensible à l'Intention) mené au sein de l'équipe SIRIUS (Systèmes Intelligents, RobotIqUe Ambiante et de Service) du laboratoire LISSI. Ce projet, soutenu par le réseau de compétences en gérontechnologies de l'Institut de la Longévité de l'Hôpital Charles Foix et la Région Ile de France, vise à développer à terme un Exosquelette Intelligent Communicant Sensible à l'Intention. La première étape du projet a conduit au développement d'une orthèse active destinée à assister des mouvements de flexion/extension de l'articulation du genou pour des personnes sourant par exemple de gonarthrose ou de déficience ligamentaire du genou. Cette orthèse peut également être utilisée pour le renforcement musculaire des quadriceps. Dans cette étude, seules les mouvements de flexion/extension sont considérées puisqu'ils sont à la base de n'importe quelle activité comme se lever, s'asseoir, marcher, monter des escaliers, etc.

Le premier volet de cette thèse concerne la proposition d'une approche de commande robuste et référencée intention de l'orthèse active. La commande par modes glissants d'ordre 2 que nous proposons permet de prendre en compte les non-linéarités ainsi que les incertitudes paramétriques résultant de la dynamique du système équivalent orthèse-membre inférieur. Cette approche permet de garantir d'une part, un bon suivi de la trajectoire désirée imposée par le médecin rééducateur ou par le sujet lui-même, et d'autre part, une bonne robustesse vis-à-vis des perturbations externes lors des mouvements de flexion/extension de l'articulation du genou. Cette approche permet ainsi d'automatiser des tâches de rééducation en opérant à basses fréquences et où les interactions humaines sont considérées comme des perturbations.

Le deuxième volet de ces travaux de thèse concerne l'estimation de l'intention du sujet porteur de l'orthèse. Ainsi, nous proposons un modèle neuronal de type Perceptron Multi-Couches pour l'estimation de l'intention du sujet à partir de la mesure des signaux EMG liés aux activités musculaires volontaires du groupe musculaire quadriceps. Cette approche permet de s'aranchir d'un modèle d'activation et de contraction musculaire complexe de type Modèle de Hill. En eet, plusieurs paramètres du modèle de Hill sont non mesurables et physiquement non identifiables et sont estimés empiriquement, tandis que d'autres comme le signal d'activité musculaire, nécessitent une procédure de calibrage souvent longue et complexe. L'estimation de la position articulaire à partir de la dynamique inverse et du modèle de Hill, peut s'avérer peu fiable en raison des incertitudes paramétriques des modèles utilisés.

Enfin, l'ensemble de ces travaux a été validé expérimentalement avec la participation volontaire de plusieurs sujets valides. Toutes les précautions ont été prises pour d'une part, garantir le bon déroulement des expérimentations et la sécurité des sujets, et d'autre part, protéger les données privées de ces sujets en conformité avec la loi d'Helsinki.

Le mémoire de cette thèse est composé de cinq chapitres. Le présent chapitre constitue une introduction générale qui précise le contexte de l'étude, les contributions de la thèse et l'organisation du mémoire.

Le chapitre II est consacré à l'étude des systèmes robotiques pour la rééducation et l'assistance au mouvement. Pour mieux comprendre les fonctionnalités des prototypes décrits dans la littérature, nous donnons dans la première partie du chapitre un aperçu de l'anatomie du corps humain et en particulier celle du membre inférieur. Dans la deuxième partie, nous présentons quelques définitions et une classification des prototypes d'exosquelettes/orthèses, puis analysons les principaux travaux de recherche menés jusqu'à présent dans le domaine. Enfin, dans la dernière partie, nous nous focalisons plus particulièrement sur les systèmes conçus pour l'assistance et la restauration des mouvements des membres inférieurs.

Dans le chapitre III, nous développons la modélisation dynamique et l'identification paramétrique du système équivalent membre inférieur/exosquelette. Cette étape est nécessaire pour disposer d'un modèle de connaissances, et élaborer des lois de commande adaptées. Nous présentons tout d'abord le prototype d'orthèse active développé au laboratoire LISSI, puis nous établissons les modèles dynamiques de l'orthèse et du membre inférieur d'un sujet humain portant l'orthèse en considérant le mouvement de flexion/extension du genou. Dans la dernière partie du chapitre, nous donnons un aperçu sur les méthodes d'identification qui existent dans la littérature puis nous procédons à l'identification des paramètres de l'orthèse et du membre inférieur.

Le chapitre IV est consacré à la commande robuste du système membre inférieur-orthèse et à l'estimation de l'intention du sujet. Dans la première partie, nous présentons les concepts de base de la commande par modes glissants et les algorithmes traditionnellement utilisés dans la loi de commande discontinue. Dans la deuxième partie du chapitre, nous procédons à la synthèse de la loi de commande par modes glissants d'ordre deux pour la commande du système et démontrons sa stabilité au sens de Lyapunov. Enfin, dans la dernière partie, nous proposons un modèle neuronal pour l'estimation de l'intention du sujet à partir de la mesure des signaux EMG caractérisant les activités musculaires volontaires développées au niveau du groupe musculaire quadriceps.

Le chapitre V décrit la mise en oeuvre et l'évaluation expérimentale de l'approche de commande de l'orthèse proposée dans le chapitre IV. Dans la première partie, nous étudions les performances des contrôleurs par modes glissants, à partir de tests eectués sur diérents sujets valides. Les performances sont étudiées et comparées selon plusieurs critères : précision de poursuite de trajectoire, robustesse vis-à-vis des incertitudes paramétriques et des perturbations externes. Dans la deuxième partie du chapitre, nous étudions les performances du modèle neuronal pour l'estimation de l'intention du sujet. Des tests de validation impliquant plusieurs sujets et des tests de robustesse vis-à-vis de perturbations externes et de co-contractions des muscles antagonistes, sont présentés et analysés. Enfin, dans la dernière partie, nous présentons les résultats relatifs à la commande référencée intention de l'orthèse en utilisant l'algorithme de commande du Super-Twisting.

Dans la conclusion générale du manuscrit, nous dressons un bilan des contributions et des perspectives de recherche découlant de ces travaux de thèse.

Chapitre II

Systèmes robotiques pour la rééducation et l'assistance au mouvement

II.1 Introduction

Le nombre croissant de personnes âgées dans le monde exige de relever de nouveaux défis sociétaux, notamment en termes de services d'aide et de soins de santé. Une étude récente prédit qu'en 2050 un habitant sur trois sera âgé de 60 ans ou plus contre un sur cinq actuellement [170]. Cette population vieillissante nécessite dans le très nombreux cas une assistance au quotidien pour l'accomplissement d'activités physiques comme : se lever, s'asseoir, marcher, monter des escaliers, etc. Avec les récents progrès technologiques, la robotique apparaît comme une solution prometteuse pour développer des systèmes visant à faciliter et améliorer les conditions de vie de cette population. Le développement de systèmes robotiques portables tels que les exosquelettes constitue actuellement un challenge important qui fait l'objet de nombreuses recherches à travers le monde. Outre l'assistance physique pour augmenter des capacités motrices des personnes âgées, ces systèmes constituent également des outils bien adaptés pour la rééducation fonctionnelle en cas de déficience physique.

Pour aider à mieux comprendre les fonctionnalités des prototypes décrits dans la littérature, nous donnons dans la première partie de ce chapitre un aperçu de l'anatomie du corps humain et en particulier celle du membre inférieur. Dans la deuxième partie, nous présentons quelques définitions et une classification des prototypes d'exosquelettes ou d'orthèses, puis analysons les principaux travaux de recherche menés jusqu'à présent dans le domaine. Enfin, dans la dernière partie, nous nous intéresserons plus particulièrement aux systèmes conçus pour l'assistance et la restauration des mouvements des membres inférieurs.

II.2 Éléments d'anatomie

II.2.1 Squelette appendiculaire

Le squelette représente la charpente du corps humain. Il est composé de 206 os et de 360 articulations, repartis en deux parties : le squelette axial ou 80 os forment l'axe longitudinal (l'axe de soutien du corps humain), et le squelette appendiculaire, qui comprend 126 os des membres et des deux ceintures : ceinture scapulaire pour les membres supérieurs ; et ceinture pelvienne pour les membres inférieurs (os du bassin). Un squelette est formé des éléments suivants [121, 197] :

- **la ceinture scapulaire (pectorale)**, formée de deux os : la clavicule et la scapula ;
- **les os des membres supérieurs**, au nombre de trente et repartis sur le bras, l'avant-bras et la main ;
- **la ceinture pelvienne**, formée des deux os de la hanche ;
- **les os des membres inférieurs**, comprenant les os des cuisses, des jambes et des pieds.

Le squelette appendiculaire permet d'assurer plusieurs fonctions telles que [187] :

1. Le soutien du corps humain à travers les points d'attaches des muscles et des tissus mous ;

2. La protection des organes internes contre les blessures (l'os du crâne pour l'encéphale, les vertèbres pour la moelle épinière, la cage thoracique pour le coeur et les poumons, etc.) ;

3. Le mouvement du corps humain à travers la contraction/extension des muscles reliés aux os.

II.2.2 Articulations et segments du membre inférieur

Le corps humain est constitué de segments poly-articulés où chaque articulation possède un ou plusieurs degrés de liberté (ddl). Ces articulations assurent la mobilité du squelette et la liaison entre les os. Elles peuvent être regroupées selon leur structure (fibreuse, cartilagineuse ou synoviale) ou selon leur fonction (immobile, semi-mobile ou mobile). Les articulations mobiles sont essentiellement situées dans les membres, tandis que les articulations semi-mobiles et immobiles sont presque exclusives au squelette axial.

Comme le montre la figure II.1, une articulation synoviale est décrite en général à l'aide des propriétés suivantes [119, 131] :

1. Les surfaces des os qui s'articulent sont recouvertes d'un cartilage articulaire ;

2. Les surfaces articulaires sont enfermées dans une capsule articulaire ;

3. La capsule articulaire entoure une cavité articulaire remplie de liquide synovial lubrifiant ;

4. La capsule articulaire est habituellement renforcée par des ligaments.

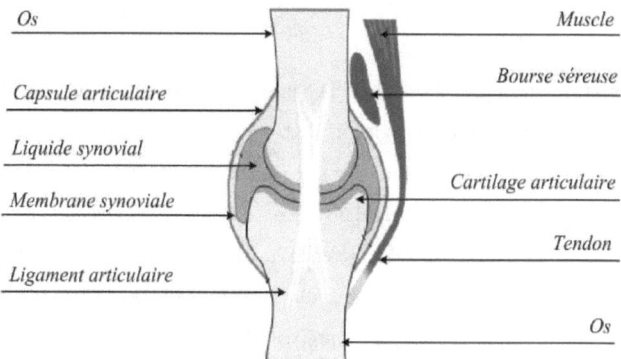

Figure II.1 : Structure générale d'une articulation synoviale [119].

Dans le plan sagittal, la partie inférieure du corps humain est une structure à 7 ddl répartis comme suit : 3 ddl au niveau de la hanche, 1 ddl au niveau du genou et 3 ddl au niveau de la cheville (figure II.3) [131]. La jambe est composée de 12 articulations (Fig.II.2).

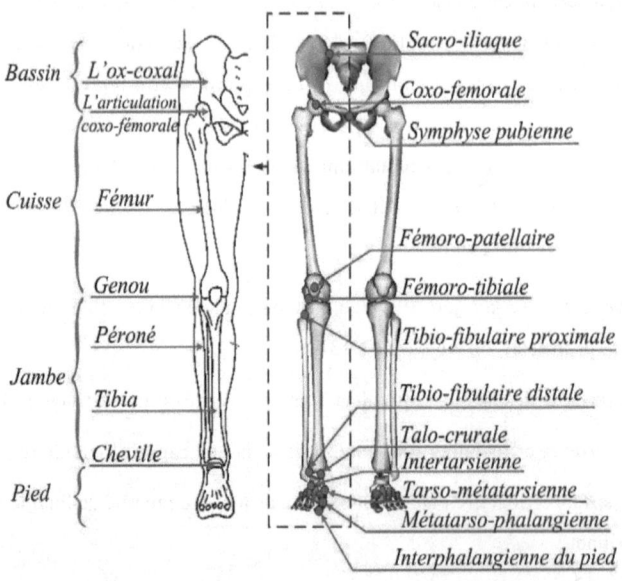

Figure II.2 : Articulations et segments du membre inférieur.

Du point de vue squelettique, le fémur pour la cuisse, le tibia et le péroné pour la jambe et l'ensemble tarsien pour le pied, représentent les principaux segments du membre inférieur [118]. Chaque segment du corps humain peut être associé à un repère permettant de le positionner dans l'espace. Les mouvements du corps humain sont considérés selon trois plans de références qui sont le plan sagittal, le plan frontal et le plan transversal. Chaque segment du corps humain est caractérisé par deux points : le premier appelé *proximal*, représente la position du centre articulaire du segment le plus proche du tronc ; le second appelé *distal*, représente quant à lui le centre articulaire le plus éloigné du tronc.

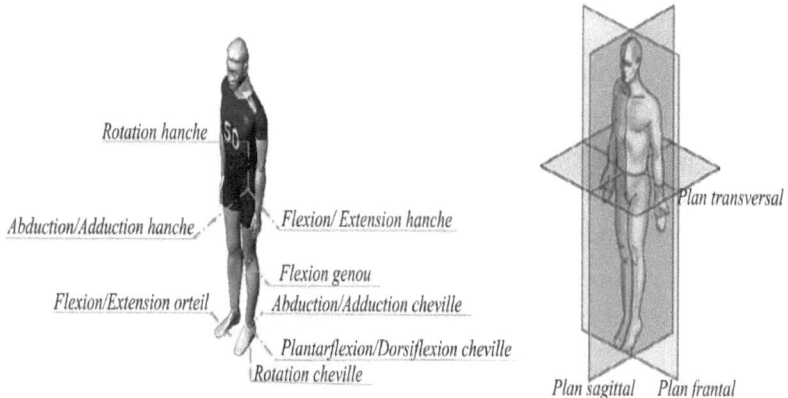

Figure II.3 : Articulations et plans de références du corps humain [www.coloradospineinstitute.com].

II.2.3 Articulations du membre inférieur

Le membre inférieur humain est constitué de plusieurs segments permettant à un sujet de se maintenir dans une position ou de se déplacer d'un endroit à un autre. Le membre inférieur est composé principalement de trois parties : la cuisse, la jambe et le pied. Les mouvements relatifs de ces segments sont basés sur les trois articulations suivantes :

1. **L'articulation coxo-fémorale** qui relie le membre supérieur à la hanche. Cette articulation permet d'orienter la cuisse dans toutes les directions de l'espace ;

2. **Le genou** qui relit la cuisse à la jambe. Cette articulation est responsable de la flexion/extension du membre inférieur ;

3. **La cheville** qui relit la jambe au pied. Elle permet la dorsiflexion/flexion du pied.

Au niveau de chaque articulation, les muscles squelettiques relient les segments entre eux. Par le contrôle du Système Nerveux Central (SNC), ces muscles se contractent et se détendent pour permettre à l'être humain de se maintenir en position d'équilibre (posture) ou de bouger les parties responsables de sa motricité.

II.2.3.1 Articulation de la hanche

L'articulation coxo-fémorale est une articulation à 3 ddl. Elle permet d'orienter la cuisse selon 3 axes dans l'espace. Selon le premier axe, appelé *axe transversal* et situé dans le plan frontal, s'eectuent les mouvements de flexion/extension de la hanche. Selon le deuxième axe, situé dans le plan sagittal et appelé *axe antéro-postérieur*, s'eectuent les mouvements d'adduction/abduction. Enfin, selon le troisième axe, situé dans le plan transversal et appelé *axe vertical*, s'eectuent les mouvements de rotations interne et externe du membre.

La figure II.4-(a), illustre une personne en position debout. L'articulation de la hanche fait un angle de 0° par rapport à la position verticale. La flexion normale de la hanche correspond à un angle de 90° (figure II.4-(b)) et peut atteindre 120° lorsque le genou est totalement fléchi (figure II.4-(c)). Notons que cette valeur peut augmenter de plus de 30° lorsque la personne est en décubitus dorsal (la personne est à plat-dos) ou en décubitus ventral (la personne est à plat-ventre).

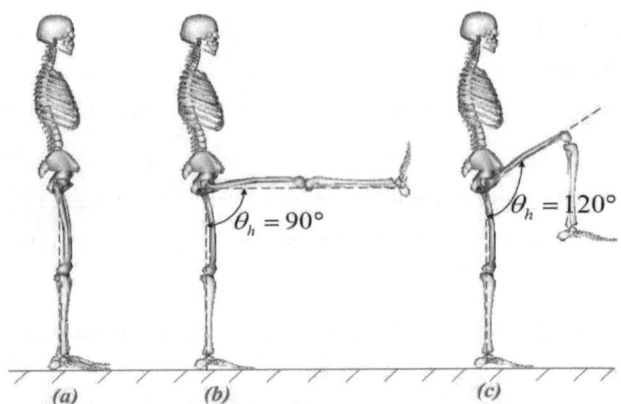

Figure II.4 : Débattements limites de la hanche [35].

II.2.3.2 Articulation du genou

Le genou est l'articulation distale de la cuisse. Des travaux comme ceux dans [20, 24] décrivent le genou comme une articulation à un ddl permettant la flexion/extension de la jambe. Cependant, un deuxième ddl peut être considéré (figure II.5). Il s'agit de la rotation autour de l'axe longitudinal de la jambe, appelée aussi *rotation interne-externe*. Cette rotation peut être eectuée lorsque le genou est fléchi [22].

Dans le plan sagittal, la flexion du genou peut varier entre 0° (extension totale du genou) et 135° (flexion totale), comme le montre la figure II.6-(a) et la figure II.6-(b). La position 90° correspond à la position de repos du corps humain (figure II.6-(c)) [95].

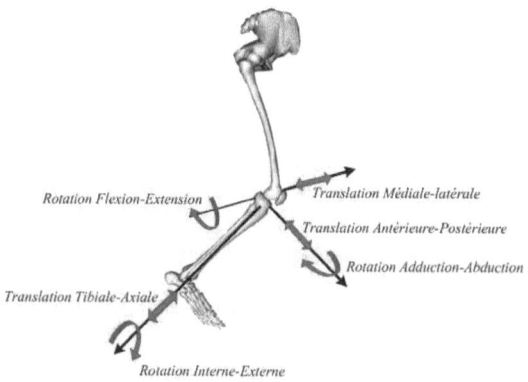

Figure II.5 : Description des mouvements du genou [35].

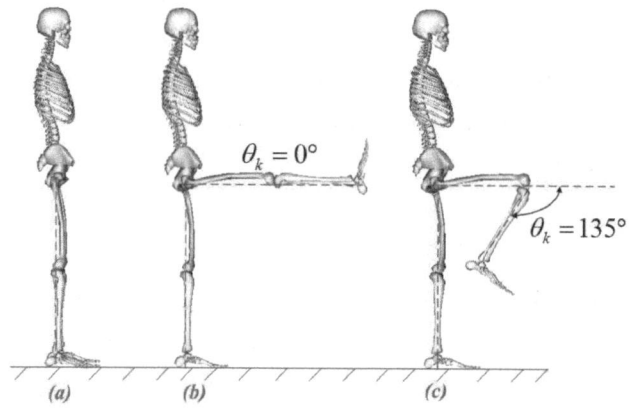

Figure II.6 : Débattements limites du genou [35].

II.2.3.3 Articulation de la cheville

La cheville qui est l'articulation distale de la jambe, permet l'orientation du pied. Ainsi, la dorsiflexion/flexion plantaire du pied, correspond à sa flexion/extension. Elle s'eectue autour d'un axe situé dans le plan frontal et passant par les deux malléoles, et peut varier entre 30° et 50°. L'adduction-abduction du pied qui s'eectue autour de l'axe longitudinal de la jambe, peut varier entre 35° et 45°. Les mouvements de pronation-supination s'eectuent quant à eux autour de l'axe longitudinal du pied.

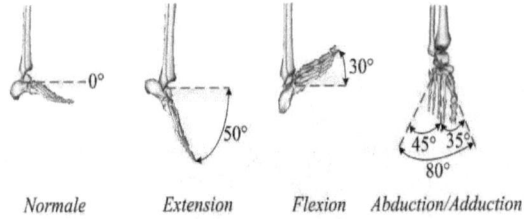

Normale   *Extension*   *Flexion*   *Abduction/Adduction*

Figure II.7 : Débattements limites de la cheville [35].

La partie musculo-squelettique représente l'ensemble des muscles, os et articulations contribuant à un mouvement. Chaque segment est considéré comme rigide. Les mouvements de chaque segment s'eectuent à travers des tendons dont les points d'origines et d'insertions sont situés sur les parties osseuses du squelette. Un muscle est dit *mono-articulaire* lorsque tous ces points d'origines/insertions se situent sur le même segment. Il est dit *poly-articulaire* lorsque les points d'origines/insertions se situent sur plusieurs segments [95].

II.2.3.4 Le système nerveux

Le système nerveux permet le contrôle des activités du corps humain telles que : la motricité, la circulation, la respiration, etc. Il est divisé structurellement en deux parties [129, 131] :

1. **Le Système Nerveux Central (SNC)** : composé principalement d'un encéphale et de la moelle épinière, il permet de gérer les processus somatiques et

22

autonomes, d'intégrer et de coordonner les signaux nerveux. Le SNC a également en charge les fonctions mentales telles que les pensées ou l'apprentissage ;

2. **Le Système Nerveux Périphérique (SNP)** : composé de nerfs et de ganglions reliant le SNC aux organes, il garantit la conduction de l'influx nerveux entre le SNC et la périphérie.

D'un point de vue fonctionnel, le système nerveux est structuré en deux parties :

1. **Le Système Nerveux Somatique (SNS)** : ce dernier est associé au contrôle volontaire et à l'innervation sensitive et motrice (sauf les viscères, la musculature lisse et les glandes) de toutes les parties du corps humain. Le système somatique sensitif est constitué de fibres eérentes qui sont responsables de la contraction musculaire, et d'autres fibres aérentes recevant des informations venant de l'extérieur. Ainsi, il permet la transmission des diérentes sensations dues au toucher, à la douleur, à la chaleur, et aussi de la position du corps via les récepteurs sensoriels, tels que les capteurs proprioceptifs permettant de donner les positions relatives des segments corporels (jambe, bras, etc.) ainsi que les sollicitations articulaires auxquelles ces segments sont soumis ;

2. **Le Système Nerveux Autonome ou Végétatif (SNA, SNV)** : il est composé de fibres chargées de l'innervation du milieu intérieur, du muscle cardiaque et des glandes.

II.2.3.5 Contrôle de l'activité des muscles squelettiques par le système nerveux

Les fibres musculaires squelettiques sont innervées par les fibres motrices alpha ou motoneurones alpha. Chaque motoneurone innerve plusieurs fibres musculaires qu'il active de façon synchrone. La structure de base autour de laquelle s'articule la physiologie musculaire est l'unité motrice. Une unité motrice comprend un motoneurone (neurone moteur) situé dans la moelle épinière dont le prolongement chemine dans le nerf périphérique et l'ensemble des fibres musculaires que le motoneurone innerve. Chaque axone moteur est formé d'un certain nombre de ramifications ; chacune innervant une seule fibre musculaire à la fois. Ainsi, au niveau du muscle biceps brachial, un motoneurone innerve en moyenne 100 fibres musculaires qu'il active de façon synchrone. Lors d'un mouvement, le contrôle de la force de contraction est lié au nombre d'unités motrices excitées.

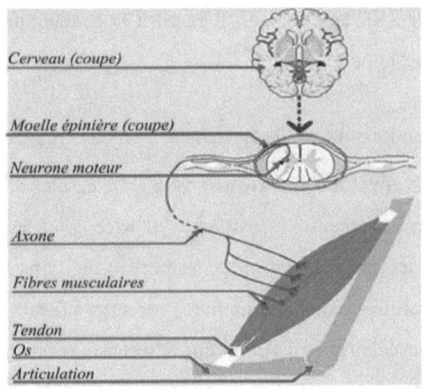

Figure II.8 : Contrôle de l'activité du muscle squelettique par le système nerveux [www.musclepedia.org].

II.2.4 Muscles du membre inférieur

Les muscles squelettiques permettent par leurs contractions/extensions de générer les mouvements souhaités par la personne. Ces mouvements sont déclenchés par le Système Nerveux Périphérique (SNP), qui composé de nerfs et de neurones, permet d'assurer la transmission des commandes du Système Nerveux Central (SNC) vers les diérents organes moteurs [130]. Il existe trois types de tissus musculaires : squelettique, cardiaque et lisse, qui dièrent les uns des autres par leur structure, leur composition, leur contraction ainsi que par leur rôle au sein du corps humain. Les muscles squelettiques permettent les mouvements du corps et représentent, avec le squelette, le système locomoteur (musculosquelettique). Les muscles cardiaques sont contrôlés par le système nerveux autonome et ne sont pas soumis au contrôle de volonté. Les muscles cardiaques se contractent et se relâchent en permanence (pour toute la vie), avec un rythme élevé et de manière automatique. Les muscles lissent se contractent de manière involontaire et permettent de faire circuler des substances dans le corps telles que le sang (le muscle lisse des vaisseaux sanguins), l'air (le muscle lisse des bronches), la nourriture (le muscle lisse du tube digestif), l'urine (le muscle lisse des reins), etc.

Le membre inférieur du corps humain est constitué de muscles jouant le rôle d'actionneurs et de générateurs de mouvements. Ces muscles se contractent, changent de longueur et de tonicité en fonction des mouvements déclenchés par le SNC. La contraction d'un muscle produit une force qui est transmise à travers les tendons aux points d'origines et d'insertions du muscle générateur de cette force, qui par le biais d'un bras de levier, génère un couple moteur contribuant au mouvement de l'articulation contrôlée par ce muscle. Par ailleurs, la mobilité d'une articulation nécessite la coordination d'un ou plusieurs groupes musculaires appelés muscles agonistes/antagonistes. Un muscle agoniste est responsable du mouvement, tandis que le muscle antagoniste s'oppose au mouvement et permet ainsi de maintenir une stabilité et une rigidité articulaire (figure II.9).

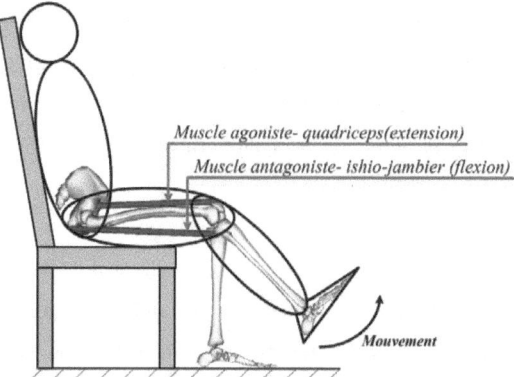

Figure II.9 : Muscle agoniste et muscle antagoniste intervenant dans le mouvement du membre inférieur [35].

Chaque muscle du membre inférieur possède une ou plusieurs fonctions particulières dont le but est le mouvement et/ou le maintien du corps humain en station debout. Les muscles du membre inférieur, illustrés figure II.10, sont listés ci-dessous [www.medecine-et-sante.com] :

– **Le psoas** est un muscle important et particulier par son insertion supérieure au niveau des faces latérales des cinq vertèbres lombaires, et son insertion inférieure sur le fémur au niveau de la face postérieure du petit trochanter. Ses actions principales sont la flexion de la cuisse sur le bassin lors de la marche, la flexion du bassin sur la cuisse, l'abduction de la cuisse sur le bassin, et la rotation externe de la cuisse ;

– **L'obturateur externe** est innervé par le nerf obturateur, et a pour rôle de faire tourner la cuisse vers l'extérieur ;

– **Le tenseur du fascia lata** permet de fléchir le genou, et d'incliner le tronc sur le bassin ;

– **Les 3 adducteurs de la cuisse** permettent le mouvement de la cuisse vers l'intérieur du corps ;

– **Le quadriceps**, appelé aussi quadriceps crural ou fémoral, est le muscle le plus volumineux du corps humain. Il supporte la plupart du poids et permet à l'être humain de se déplacer. Il est formé de deux muscles latéraux appelés vastes interne et externe, d'un muscle profond appelé le crural (plaqué contre le fémur) et d'un muscle superficiel- antérieur appelé le droit antérieur. Les vastes sont mono-articulaires et responsables de l'extension du genou ;

– **Le droit interne** permet la flexion du genou ;

– **Le couturier** permet de mettre la jambe dans la position du couturier (la hanche fléchie, genou fléchi et écarté) ;

– **Le tibial antérieur** sert à la flexion dorsale du pied sur la jambe, à la supination du pied et à l'adduction du pied par rapport à la jambe ;

– **Les jumeaux interne et externe** se terminent sur le calcanéum (talon) par l'intermédiaire d'un tendon très résistant, le tendon d'achille. Ces muscles participent à la flexion du genou ;

– **Le soléaire** va du genou par des insertions sur le tibia et le péroné, jusqu'au tendon d'achille. Il a un rôle majeur pour la marche, la course, et le saut.

Le tableau II.1 résume l'ensemble des muscles agonistes et antagonistes responsables de la flexion/extension du genou [19].

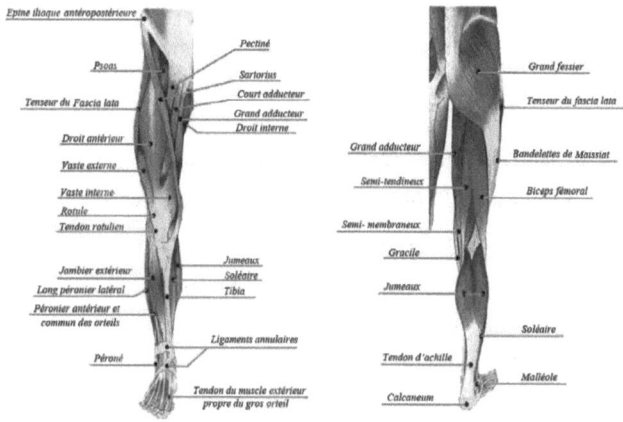

Figure II.10 : Muscles du membre inférieur [96].

Table II.1 : Liste des muscles agonsite (A) et antagoniste (An) du genou

Muscle	flexion	extension	rotation interne	rotation externe
Gracile	A	An	A	An
Semi-membraneux	A	An	A	An
Semi-tendineux	A	An	A	An
Biceps fémoral	A	An	An	A
Sartorius	A	An	A	An
Poplité	A	An	A	An
Gastrocnémien	A	An		
Quadriceps fémoral	An	A		
Tenseur du fascia lata	An	A		
Illio-psoas				

II.2.5 Dynamique de la marche

II.2.5.1 Posture et locomotion

La marche résulte de l'excitation et de la coordination de nombreux muscles. La figure II.11 représente la chronologie des événements se produisant au cours d'un cycle de marche d'une personne saine. Le cycle de la marche (CM) est caractérisé par un point de départ qui correspond à l'instant où le pied entre en contact avec le sol et un point de fin qui correspond au prochain contact du même pied avec le sol.

Dans un cycle de marche normal et symétrique, on distingue pour chaque pied deux phases principales : la **phase d'appui** lorsque le pied est posé au sol, et la **phase de balancement** lorsque le pied n'est plus en contact avec le sol. La phase d'appui, où le pied est en contact avec le sol, comprend trois sous-phases : l'acceptation du poids (premier double support), le mi-support (simple support) et la poussée (deuxième double support). La phase d'appui est principalement contrôlée par les muscles extenseurs des membres inférieurs. Quant à la phase d'oscillation, elle correspond au déplacement du pied au-dessus du sol. Elle nécessite l'intervention majeure des muscles fléchisseurs des membres inférieurs. Notons que la longueur du pas de marche est égale en moyenne à la moitiée de la taille du sujet. Sa cadence est comprise entre 100 et 129 pas/ minutes avec une vitesse $v = \frac{l \times f}{60}$ où l représente la longueur du pas et f la fréquence du cycle de marche. La vitesse de la marche varie en général autour de 4.5 km/h [209, 142].

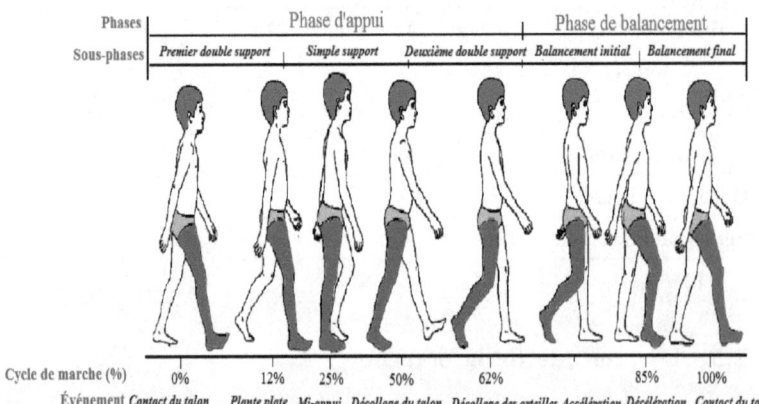

Figure II.11 : Analyse de la marche bipède humaine.

II.2.5.2 Cinématique de la cheville, du genou et de la hanche lors d'un cycle de marche

Un enregistrement des positions articulaires des mouvements de la cheville, du genou et de la hanche, pendant un cycle de marche, est représenté figure II.12. Notons que ces courbes correspondent au cycle de marche d'une personne saine. Dans [7], un modèle mathématique de la trajectoire de marche a été développé en utilisant les séries de Fourier. Ce modèle correspond à une période de marche de 0.994s, avec une vitesse de marche d'environ 1.4m/s et pour un pas de marche de 139cm. Il est donné comme suit :

$$_s(t) = a_0 + a_1 \cos(wt) + b_1 \sin(wt) + a_2 \cos(2wt) + b_2 \sin(2wt) + a_3 \cos(3wt)$$
$$+ b_3 \sin(3wt) + a_4 \cos(4wt) + b_4 \sin(4wt) \qquad (II.1)$$

où $_s$ représente la position angulaire de chaque segment (cheville, genou ou hanche) et $w = 6.3211\text{rad/s}$ représente la pulsation propre du mouvement.

Les coeficients a_i, $i \in \{0, 4\}$ et b_j, $j \in \{1, 4\}$ sont donnés dans le tableau II.2.

Table II.2 : Paramètres de la série de Fourier.

	cheville	genou	pied
a_0	14.8800	25.3700	3.6140
a_1	22.0000	-1.8730	0.4274
b_1	3.1810	-17.2200	6.6330
a_2	-1.1680	-12.1100	0.3072
b_2	-1.9810	10.7000	-6.1140
a_3	-0.9951	0.3950	-3.1060
b_3	0.5826	3.9950	1.0880
a_4	-0.0023	0.0211	1.6300
b_4	0.2350	0.1302	-0.3764

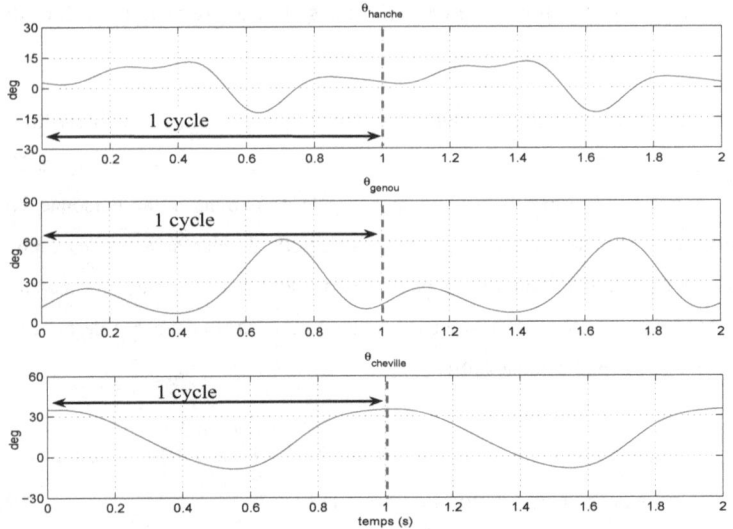

Figure II.12 : Positions articulaires de la cheville, du genou et de la hanche pendant un cycle de marche [www.univie.ac.at].

II.2.5.3 Force de réaction au sol

La force de réaction au sol possède trois composantes : la force appliquée selon l'axe Ox ($\vec{F}_{r_x}$) est appelée *force antéro-postérieur*, celle selon l'axe Oy est appelée *force verticale*($\vec{F}_{r_y}$) et enfin celle selon l'axe Oz ($\vec{F}_{r_z}$) est appelée *force médio-latéral* (figure II.13).

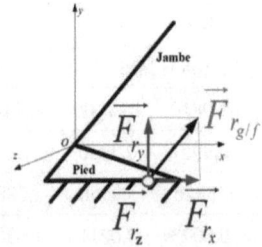

Figure II.13 : Force de réaction au sol.

II.3 Assistance et rééducation du membre inférieur

Dans ce paragraphe, nous présentons les principaux travaux portant sur les exosquelettes, leurs historique ainsi que les verrous scientifiques et technologiques à lever. Les exosquelettes/orthèses du membre inférieur sont détaillés dans la section I.5.

II.3.1 Définition d'un exosquelette

"**Exo**" est un mot grec qui signifie "à extérieur". Dans la littérature, un exosquelette/orthèse est défini comme un dispositif mécanique destiné à assister physiquement un sujet humain pour la réalisation de ses mouvements. Un exosquelette/orthèse doit s'adapter à la morphologie du porteur, interagir en harmonie avec ses mouvements, et fournir les eorts nécessaires le long des membres auxquels il est attaché [89] [195]. Des exigences fonctionnelles sur les exosquelettes/orthèses sont souvent nécessaires : un exosquelette doit être confortable, transparent (faible impédance et interface naturelle pour ne pas gêner les mouvements naturels du porteur), avoir une grande autonomie énergétique et pouvoir améliorer les performances humaines comme sa vitesse, son endurance, etc.

En général, le terme *exosquelette* est utilisé pour décrire un dispositif qui permet l'augmentation des performances humaines de son porteur supposé valide, tandis que le terme *orthèse active* décrit un dispositif permettant l'augmentation des capacités ambulatoires d'une personne sourant d'une pathologie ou d'une déficience physique [38].

II.3.2 Constitution d'un exosquelette

Comme le montre la figure II.14, un exosquelette comprend typiquement plusieurs éléments :

1. **La structure mécanique** : Fabriquée en général à partir de matériaux légers, elle doit être susamment solide pour soutenir le poids du corps du

porteur ainsi que son propre poids. Elle est constituée en général de plusieurs articulations correspondant à celles du porteur ;

2. **Les capteurs** : Placés sur la structure mécanique ainsi que sur le porteur, ils permettent d'assurer la meilleure fonction d'assistance possible. Les capteurs peuvent être de diérents types : manuels (une télécommande, un bras de commande, etc.), électriques (goniomètres, accéléromètres, gyroscopes, semelles baropodométriques, capteurs d'eort, etc.), bioélectriques (EMG, etc.), peuvent être une combinaison d'appareils comme une télécommande et un détecteur de mouvement permettant au porteur de passer d'un mouvement de marche à un mouvement d'ascension par exemple.

3. **L'unité de contrôle** : Elle eectue l'acquisition et le traitement des informations délivrées par les capteurs, et contrôle les actionneurs selon des lois de commande garantissant l'ecacité du mouvement d'assistance et la stabilité du système ;

4. **Les actionneurs** : Ils jouent le rôle de muscles et peuvent être de diérents types : électriques, hydrauliques, pneumatiques. Les actionneurs électriques sont les plus utilisés pour des raisons d'embarquabilité énergétique ;

5. **Les batteries** : les batteries fournissent l'énergie nécessaire pour le fonctionnement de l'exosquelette. Elles doivent être légères pour ne pas alourdir le système, garantir une grande autonomie, et permettre un rechargement rapide. Diérentes technologies de batteries sont proposées sur le marché. Ces batteries dièrent entre elles par le nombre de cellules, leur disposition en série ou en parallèle, ainsi que par les matériaux utilisés. Par exemple, une batterie en NiMH (Nickel Métal Hydrure) peut assurer une autonomie variant entre 30 et 60 min d'utilisation intensive tandis qu'une batterie en Zinc-argent possède une autonomie allant de 60 à 120 min d'utilisation intensive. Une nouvelle génération de batteries en Lithium-air ou lithium-oxygène, actuellement en cours de développement, pourrait à l'avenir augmenter considérablement l'autonomie des exosquelettes/orthèses.

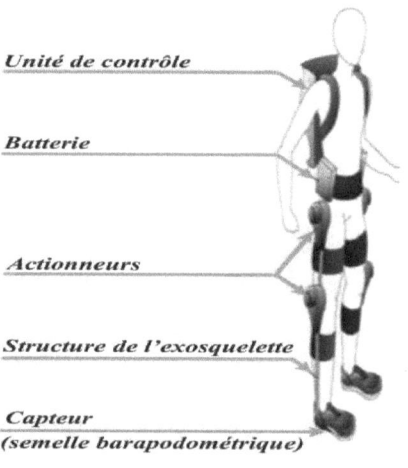

Unité de contrôle

Batterie

Actionneurs

Structure de l'exosquelette

Capteur
(semelle barapodométrique)

Figure II.14 : Architecture d'un exosquelette [77].

II.3.3 Classification des exosquelettes

Dans la littérature, trois architectures d'exosquelettes sont identifiées [222] :

1. Les exosquelettes à **architecture anthropomorphique** sont des dispositifs dont l'architecture est inspirée de l'architecture du corps humain. Cependant, le nombre et la physiologie des articulations humaines limitent la reproduction fidèle des mouvements humains par les actionneurs actuels ;

2. Les exosquelettes à **architecture non-anthropomorphique** ne suivent pas forcement l'architecture des membres humains. Les points d'attache sont des points bien précis qui correspondent naturellement aux extrémités du membre. Cependant, cette architecture présente de nombreux inconvénients : augmentation du risque de collision avec le membre portant l'exosquelette et/ou interférence avec son mouvement, risque que l'exosquelette force les membres à adopter des configurations non confortables ;

3. Les exosquelettes à **architecture pseudo-anthropomorphique** sont des exosquelettes qui suivent les mouvements des membres humains sans chercher à reproduire exactement toutes leurs articulations. Pour ce faire, les points

d'attache sont situés aux extrémités des segments comme c'est par exemple le cas des exosquelettes de la jambe où ces points sont situés au niveau de la hanche et du pied. Cette configuration permet de réduire le risque de collision entre l'exosquelette et son porteur.

II.3.4 Domaines d'applications

Les exosquelettes peuvent être conçus pour les membres supérieurs, inférieurs, ou pour l'ensemble du corps humain. Ils peuvent être utilisés dans diérents domaines d'applications (figure II.15) :

1. **Le domaine médical** pour la rééducation neuro-motrice des membres supérieurs ou inférieurs ;

2. **L'assistance aux personnes dépendantes** dans leurs activités physiques quotidiennes comme se lever/s'asseoir, marcher, monter les escaliers, etc ;

3. **Le domaine militaire** pour l'augmentation de l'endurance physique des soldats, l'aide pour soulever des charges lourdes, etc.

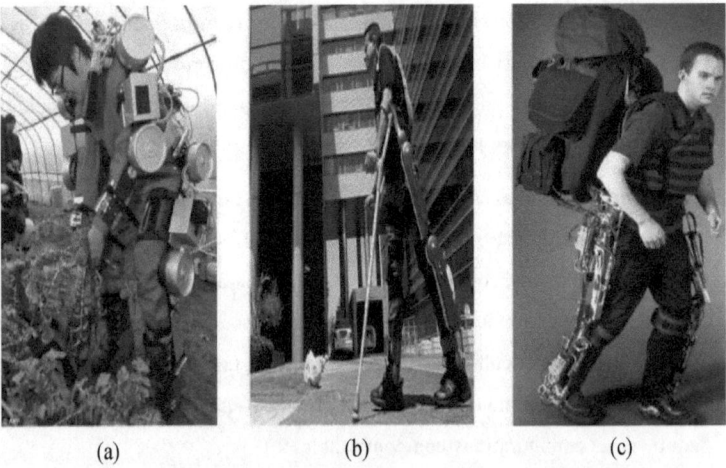

(a)   (b)   (c)

Figure II.15 : (a) : Robot Crop [126], (b) : Exosquelette Rewalk [179], (c) : Exosquelette BLEEX [98]

II.3.5 Orthèses/exosquelettes : état de l'art et verrous scientifiques et technologiques

L'un des premiers dispositifs ressemblant à un exosquelette, a été proposé par Yagn en 1890 [210]. Le mécanisme consistait en de longs ressorts, placés en parallèle sur chaque jambe, dans le but d'augmenter la vitesse de marche et de saut d'obstacles du porteur (figure II.16-(a)). L'idée était d'amortir à l'aide de ressorts la force due au contact du pied sur le sol. Cependant, ce mécanisme n'a jamais été réalisé. La première orthèse conçue par Cobb, est apparue aux États Unis en 1935 [30]. Le dispositif consistait en un appareil orthopédique eectuant un mouvement alternatif au niveau du genou (figure II.16-(b)). En eet, une manivelle située au niveau de la hanche, était utilisée pour remonter un ressort situé au niveau de l'articulation du genou. Ce mécanisme avait pour objectif de forcer l'articulation du genou à suivre le mouvement imposé, grâce à une came et un suiveur.

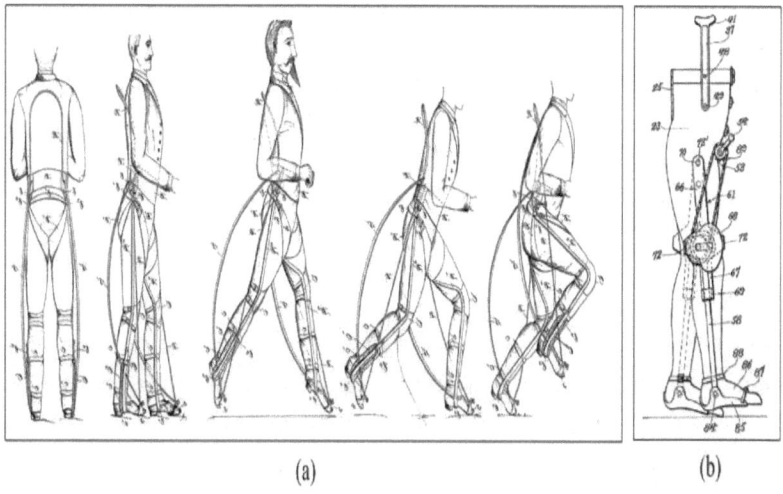

(a)   (b)

Figure II.16 : (a) : Exosquelette proposé par Yagn-1890 [210], (b) : Orthèse développée par Cobb-1935 [30].

La première orthèse active, développée en 1942 [44], était équipée d'actionneurs linéaires hydrauliques placés au niveau de la hanche et du genou (figure II.17-(a)).

Cependant, son système de commande était purement mécanique et permettait des mouvements bien précis au cours du cycle de marche. En 1951, Murphy a conçu un autre système d'orthèse passive en ajoutant un système ressort-charge permettant de verrouiller/déverrouiller le dispositif à diérentes positions (figure II.17-(b)) [146].

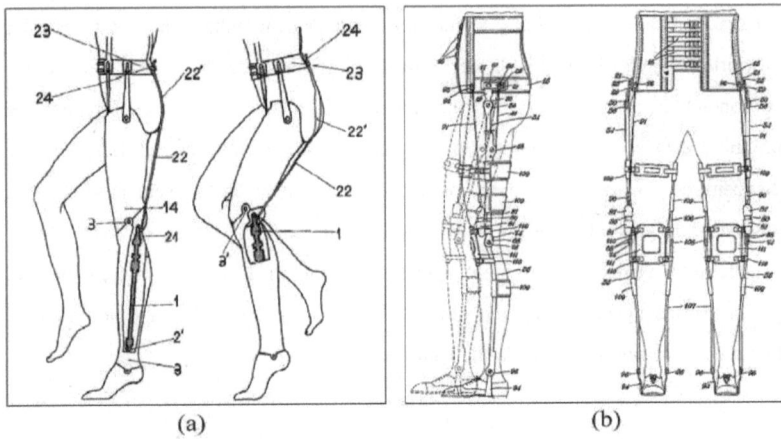

(a)   (b)

Figure II.17 : (a) : Exosquelette développé par Filippi en 1942 [44], (b) : Orthèse conçue par Murphy en 1951 [146].

En 1965, le projet Hardiman (Human Augmentation Research Development Investigation) a été la première tentative, menée par General Electric en collaboration avec des chercheurs de l'université de Cornell, pour construire un exosquelette motorisé à 30 ddl. Grâce à l'emploi d'actionneurs hydrauliques, cet exosquelette était destiné à amplifier les capacités de tout le corps humain et permettre à son porteur de soulever des poids allant jusqu'à 680 kg [62, 145, 65]. Cependant, en plus de son poids (trois quarts de tonne), plusieurs autres problèmes techniques ont été rencontrés tels que : le transport d'énergie, le contrôle et d'interaction homme/machine. L'exosquelette n'a jamais été opérationnel dans sa totalité et seul un bras, permettant de soulever des charges allant jusqu'à 340 kg, a été validé en 1966 [143].

Entre 1960 et 1970, l'équipe du Professeur Vukobratovic de l'Institut Mihajlo Pupin à Belgrade a travaillé sur le développement d'un prototype d'orthèse pas-

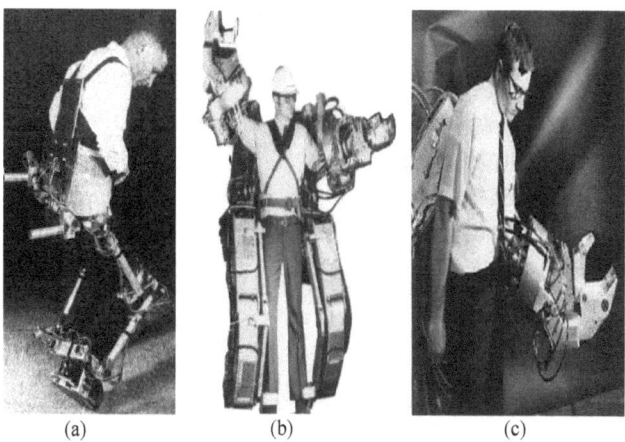

(a)   (b)   (c)

Figure II.18 : Projet Hardiman de General Electric. (a) : Version initiale de l'exosquelette, (b) : Exosquelette Hardiman, (c) : Partie validée de l'exosquelette.

sive pour mesurer la cinématique de la marche, puis s'est orienté rapidement vers le développement d'exosquelettes motorisés [200, 87]. Le premier dispositif, appelé *kinematic walker*, utilisait un seul actionneur hydraulique pour contrôler l'articulation du genou et, par transfert de mouvement, celle de la hanche. En 1970, un autre dispositif appelé *partial active exoskeleton* a été développé. Ce dernier utilise des actionneurs pneumatiques permettant la flexion/extension de la hanche, du genou et de la cheville ainsi que l'abduction/l'adduction de la hanche. Ce système rebaptisé *complete exoskeleton* a été ensuite amélioré par l'ajout d'un attachement au niveau du torse (figure II.19). Le poids total du système, sans le système de commande et la source d'énergie, était de 12 kg. Le système a été évalué pour le suivi de trajectoires correspondant à des cycles de marche. Il est à noter également l'utilisation de capteurs de force placés dans les semelles pour la mesure de la force de réaction au sol [199].

Un autre exosquelette des membres inférieurs a été développé en 1968 à l'université du Winsconsin [67, 174]. Le système, similaire à celui développé par l'équipe du professeur Vukobratovic, était destiné à assister des personnes paraplégiques mais dont la partie supérieure du corps est fonctionnelle.

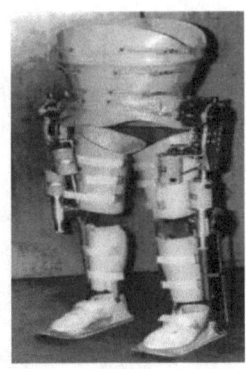

Figure II.19 : Exosquelette développé par l'équipe du professeur Vukobratovic [199].

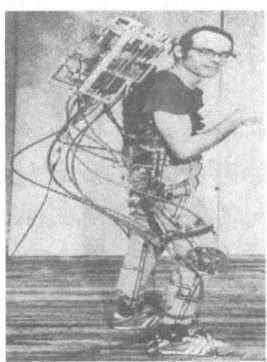

Figure II.20 : Exosquelette proposé par l'université du Winsconsin [174].

Par ailleurs et dans le cadre d'applications militaires, S.J. Zaroodny du laboratoire de recherche en balistique de l'armée des Etats-Unis a publié en 1963 un rapport technique sur le projet d'exosquelette *Bumpusher* démarré en 1951 [216]. Cet exosquelette avait été conçu dans le but d'aider les soldats à augmenter leurs capacités à soulever des charges lourdes. Cependant, des problèmes opérationnels liés au transport d'énergie, à la commande et à l'interaction homme/machine étaient considérés à l'époque comme des verrous diciles à lever. Un autre prototype d'exosquelette à 3 ddl utilisant des actionneurs pneumatiques a été également discuté dans ce même rapport.

Inspiré de la conception de Heilein [80], J.Moore propose un modèle d'exosquelette baptisé *Pitman* destiné à augmenter les capacités physiques des soldats [144]. Cependant, l'auteur ne donne aucun détail sur la façon dont l'exosquelette est alimenté. Ce prototype est resté au stade de la conception et n'a pas fait l'objet d'aucune validation expérimentale. En se basant sur les études des exosquelettes *Hardiman* et *Pitman*, Mark Rosheim a proposé un nouveau concept d'exosquelette permettant d'eectuer des mouvements de tangage-lacet. La structure résultante possède 26 ddl, conçue pour tout le corps (mains exclues), n'a malheureusement jamais été validée expérimentalement. L'année 2001 a été celle du lancement du programme EHPA (Exoskeletons for Human Performance Augmentation) financé par DARPA (Defense Advanced Research Projects Agency). Ce programme avait pour objectif d'augmenter l'endurance physique des soldats au sol en leur permettant de soulever des charges importantes et diminuer ainsi la fatigue ressentie lors des missions [54]. En 2008, ce programme, transféré à l'organisme PEO Soldier (Army Program Executive O ce Soldier), a donné naissance à trois travaux majeurs que nous décrivons ci-dessous :

II.3.5.1 L'exosquelette BLEEX (Berkeley Lower Extremity Exoskeleton)

Cet exosquelette à 7 ddl (3 ddl pour la cheville, 1 ddl pour le genou et 3 ddl pour la hanche) a été conçu à l'université de Californie pour des applications militaires. Il permet de porter des charges jusqu'à 75 kg tout en se déplaçant à une vitesse de 0.9m/s. Sans charge, la vitesse peut atteindre 1.3 m/s. L'un des points forts de cet exosquelette est sa grande autonomie énergétique. En eet, dans [99], les auteurs a rment que BLEEX est le premier exosquelette autonome disposant d'une source d'énergie placée sur le dos du porteur. L'exosquelette, équipé d'actionneurs hydrauliques, est piloté à l'aide d'un contrôleur de position qui permet de suivre des trajectoires de marche prédéfinis (figure II.21-(a)) [2]. A chaque articulation est associé un codeur de position ainsi qu'une paire d'accéléromètres. L'orientation de l'exosquelette par rapport à la gravité est mesurée à l'aide d'un inclinomètre. Des capteurs de force sont utilisés pour contrôler le couple appliqué par chaque actionneur. Enfin, des semelles baropodométriques sont utilisées pour déterminer la force de réaction au sol et des capteurs de pression mesurent la répartition du poids de l'ensemble porteur-exosquelette [223, 27].

II.3.5.2 L'exosquelette de la société Sarcos (Sarcos Research Corporation)

En 2000, la société Sarcos a été choisie par l'armée des États-Unis pour concevoir le premier exosquelette motorisé à usage militaire pour faciliter des tâches nécessitant de soulever des charges lourdes et de manière répétitive. En 2006, elle commence à produire le premier prototype appelé XOS, et pesant environ 70 kg. Il s'agit d'un exosquelette ressemblant à BLEEX et disposant d'une autonomie énergétique pouvant aller jusqu'à 24h. Cet exosquelette qui dispose d'actionneurs hydrauliques rotatoires situés au niveau de ses articulations (figure II.21-(b)) permet à son porteur de soulever des charges allant jusqu'à 84 kg. Des tests de cet exosquelette ont été menés dans les conditions suivantes : vitesse de marche de 1.6 m/s, charge de 68 kg sur le dos et une de 23 kg sur les bras [134, 69]. La société Sarcos, qui a été rachetée par la société Raytheon en 2007, a pour ambition de concevoir de futurs modèles d'exosquelettes comportant des équipements de combat et permettant d'utiliser des armes lourdes ou de transporter des blessés sur les champs de bataille [164].

II.3.5.3 L'exosquelette du MIT Media Lab (Massachusetts Institute of Technology-Media Laboratory)

Cet exosquelette a été conçu de telle sorte que son architecture mécanique permette de stocker l'énergie induite par l'utilisateur lors de la marche puis d'utiliser cette énergie pour alimenter ses propres actionneurs (figure II.21-(c)). L'exosquelette utilise des ressorts et un amortisseur dont les positions sont réglables mécaniquement. Des études ont montré que le système parvient à soulever des charges allant jusqu'à 36 kg avec une vitesse de marche de 1m/s [194, 203, 201, 202].

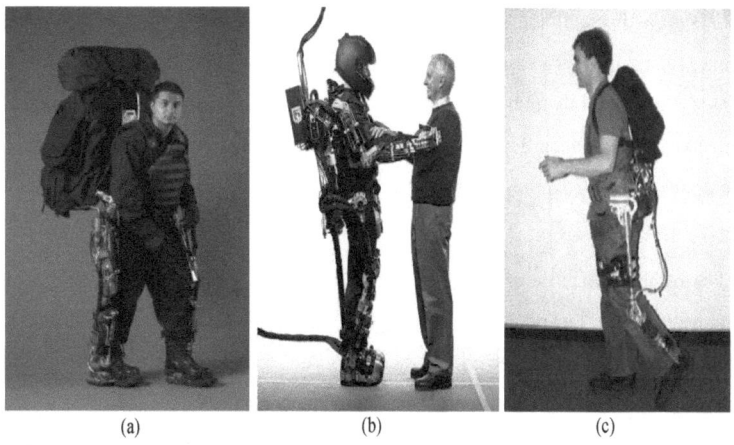

(a)   (b)   (c)

Figure II.21 : (a) : Exosquelette BLEEX, (b) : Exosquelette XOS développé par la société Sarcos , (c) : Exosquelette du MIT Media Lab.

Par la suite et dans le cadre du même programme, d'autre travaux ont été menés pour développer de nouveaux prototypes comme : BLEEX (2ème génération [69], ExoHiker^{TM} [43], eLEGS^{TM} [147], HULC^{TM} [17], ExoClimber^{TM} [141], Austin exoskeleton [25].

II.4 Exosquelettes/orthèses pour la rééducation et l'assistance au mouvement

En pratique, il existe deux techniques de rééducation des membres inférieurs : la première, dite passive, permet la rééducation des pathologies articulaires et ligamentaires. Pour ce faire, des mouvements riches en amplitudes sont appliqués par généralement un thérapeute ou par un dispositif d'assistance externe, de telle sorte à obliger l'articulation défaillante à retrouver avec le temps son mouvement naturel [120] [150]. La seconde technique est dite active, car elle vise le renforcement musculaire et l'amélioration de la coordination motrice par l'intermédiaire de mouvements induits par le patient et assistés par un thérapeute ou un dispositif spécifique appelé "ergomètre".

D'autres dispositifs mécatroniques sont apparus à partir du 20ème siècle, et connus sous le nom d'exosquelettes ou orthèses. Ils sont utilisés dans diérents domaines d'applications dans le but d'augmenter, d'assister ou de restaurer les mouvements des personnes dépendantes. Dans ce qui suit, nous passons en revue les principaux travaux sur les exosquelettes comme dispositifs pour l'assistance physique.

Les orthèses fonctionnelles du genou sont utilisées pour pallier un déficit fonctionnel du genou. On peut citer l'exemple d'un genou instable après une lésion du ligament croisé antérieur nécessitant une phase de rééducation pendant une période donnée, dans un but précis d'immobilisation ou au contraire de récupération d'amplitude. Couplé à un tapis roulant, un exosquelette peut être utilisé pour l'assistance et la rééducation des personnes dépendantes. Cette technique ore de nombreux avantages tels que :

1. La reproduction de mouvements articulaires correspondant à la marche normale en vue de favoriser l'extension de la hanche, l'alternance flexion/extension du genou et un bon placement du pied ;

2. Le changement de la vitesse de marche de telle sorte à se rapprocher progressivement de la vitesse normale de déambulation ;

3. Le maintien d'une extension correcte du tronc ;

4. La synchronisation et la coordination entre les deux membres inférieurs pendant les deux phases de la marche (phase portante/ phase oscillante) ;

5. L'évitement de l'appui des membres supérieurs et la favorisation de la coordination des épaules et du bassin ;

6. La recherche d'un grand nombre de répétitions de cycles de marche.

Les orthèses sont généralement utilisées dans les centres de rééducation de la marche. Ces systèmes permettent la décharge partielle du poids corporel du sujet. Des études menées dans ce contexte ont montré que cette technique permet d'améliorer, avec le temps, la marche des personnes paraplégiques [63, 76].

Dans ce qui suit, nous décrivons les travaux les plus représentatifs sur les exosquelettes du membre inférieur.

II.4.1   Exosquelettes/orthèses de rééducation

II.4.1.1   L'exosquelette de l'institut de Kanagawa-Japon

Cet exosquelette a été conçu par des chercheurs de l'Institut de Technologie de Kanagawa dans le but d'aider et d'assister les infirmières pendant le transfert d'un patient. L'exosquelette est contrôlé pour la flexion/extension de la hanche et du genou à travers des actionneurs pneumatiques rotatifs dont la pression d'air est fournie à partir de petits compresseurs placés sur chaque actionneur [211].

Figure II.22 : Exosquelette de l'Institut de Technologie de Kanagawa [211].

II.4.1.2   L'exosquelette de l'université de Twente-Pays Bas

Cet exosquelette, baptisé LOPES (LOwer extremity Powered ExoSkeleton), est un robot à impédance mécanique contrôlée, conçu pour la rééducation de la marche sur tapis roulant (Fig.II.23). Le système possède 8 ddl permettant la flexion/extension des deux genoux et de la hanche, l'adduction/abduction de la hanche et des mouvements pelviens du bassin. Il a été conçu dans le but de réduire la charge physique contraignante des thérapeutes et ainsi réduire la durée des séances de rééducation. Il est destiné à la rééducation de personnes victimes d'un accident vasculaire cérébral. Cette orthèse fonctionnelle est contrôlée pour suivre un modèle de marche respectant la physiologie du mouvement. L'orthèse est équipée d'actionneurs au niveau du genou et de la hanche. Ces actionneurs sont constitués d'un moteur à courant continu

(CC), d'une transmission de type vis à bille. Sur un tapis roulant, les articulations de la jambe et de la hanche sont contrôlées en position par un contrôleur PI [195]. La principale fonction de l'exosquelette LOPES est de remplacer l'interaction physique entre le physiothérapeute et le patient par un système mécanique performant. Des actionneurs compliants sont couplés à un système de transmission souple utilisant un câble de Bowden afin de contrôler les mouvements de l'exosquelette [165, 31].

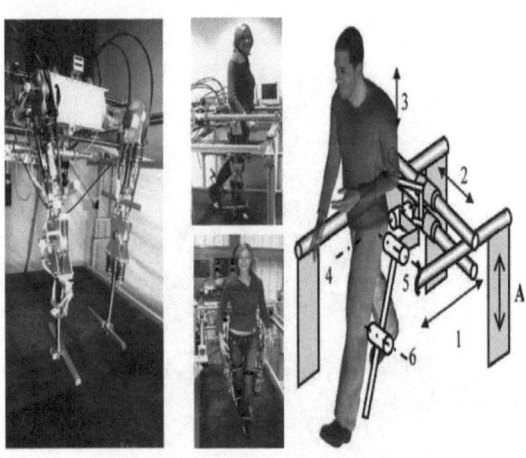

Figure II.23 : Exosquelette de l'université de Twente [www.bw.ctw.utwente.nl].

II.4.1.3 L'orthèse de l'université de Delaware-USA

Cette orthèse fonctionnelle est intégrée dans un système utilisé pour la rééducation du genou (Fig.I.23). L'orthèse est utilisée avec un tapis roulant et possède 4 ddl (1 ddl dans le plan sagittal, 2 ddl pour le mouvement abduction/adduction, 1 ddl pour l'ensemble pied-jambe). L'ensemble des ddl est commandé en position par des contrôleurs PD. Les articulations de la hanche dans le plan sagittal ainsi que celles du genou sont contrôlées à travers des actionneurs linéaires basés sur des moteurs électriques. Les frottements des actionneurs sont modélisés expérimentalement puis éliminés en boucle fermée par compensation [9].

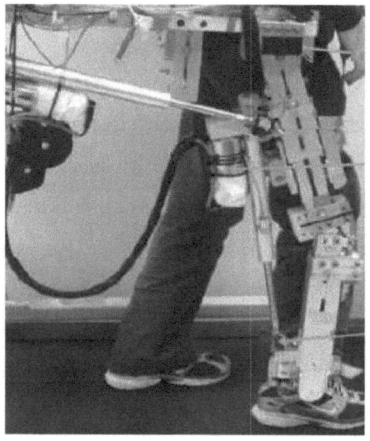

Figure II.24 : Orthèse de l'université de Delaware [9].

II.4.1.4 Le système de rééducation de l'université de Berlin-Allemagne

Ce dispositif a été conçu à des fins de rééducation des mouvements de personnes ayant des dicultés de marche, et aussi pour diminuer la charge de travail des thérapeutes. Les pieds du patient sont posés sur des pédales eectuant un mouvement de type pédalage elliptique debout (Fig.II.25). Un système mécanique déplace les pieds le long d'une trajectoire désirée à une vitesse donnée [81].

Figure II.25 : Système de rééducation de l'université de Berlin [81].

II.4.1.5 Le Lokomat

La société Suisse Hocoma Medical Engineering, a développé le système Lokomat pour favoriser la rééducation à la marche, sur tapis roulant, de personnes atteintes d'un traumatisme médullaire, d'un accident vasculaire cérébral, d'un traumatisme crânien cérébral, de la maladie de Parkinson, etc. L'orthèse, asservie en position, est commandée par des actionneurs de type moteurs à CC, au niveau du genou et de la hanche. Le patient ne contribue pas aux mouvements prédéfinis de ses jambes et n'a pas besoin de l'assistance des thérapeutes (figure II.26-(a)). En phase de marche sur le tapis roulant, le patient suit des mouvements avec une vitesse allant entre 1 à 3.2 km/h [127]. Notons que la dorsiflexion de la cheville est assurée par un système élastique qui relève le pied pendant la phase d'appuis de la jambe. Au cours de la marche, la liberté des mouvements du patient dans le plan vertical est assurée par un mécanisme de parallélogramme mobile.

Le module Lokolift, conçu par l'entreprise Enraf-Nonius NV en Belgique, peut être adjoint au système Locomat afin de compenser le poids du corps. Ce dispositif comprend des ressorts, des vérins de tension et un treuil. Sa principale caractéristique est sa facilité de réglage pour la compensation du poids du corps du patient [85].

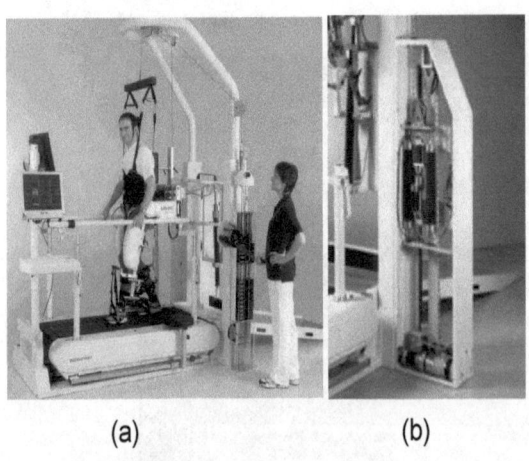

(a)   (b)

Figure II.26 : (a) : Système Lokomat   , (b) : Module Lokolift [www.enraf-nonius.be]

II.4.1.6 Le système AutoAmbular^{TM}

Le système AutoAmbular est un autre système de rééducation de la marche, développé par la société HealthSouth en Angleterre. Une orthèse fonctionnelle, placée au niveau de la jambe, permet de guider les mouvements du genou et de la cheville du sujet sur un tapis roulant selon des trajectoires prédéfinies (figure II.27). Un écran tactile permet d'appliquer le programme d'assistance prescrit par le thérapeute [128].

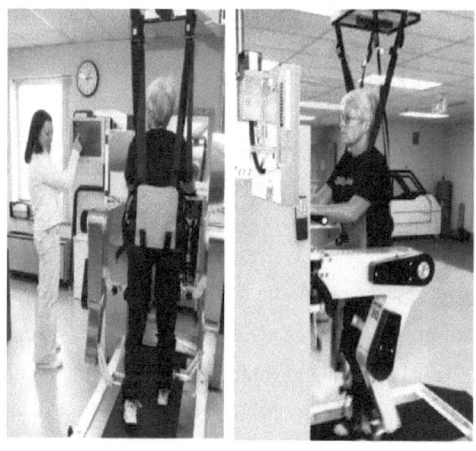

Figure   II.27   :   Système   de   rééducation   AutoAmbular^{TM} [www.newenglandrehab.com].

II.4.1.7 Système d'assistance de l'université de Californie Sud-USA

Ce système sous la forme d'une structure parallèle à 2 ddl permet l'assister les mouvements du pied dans le plan sagittal. Des actionneurs linéaires électriques sont utilisés pour contrôler le mouvement du pied du sujet. Des capteurs de position, placés au niveau de chaque actionneur linéaire, permettent de définir la position du pied du sujet. Comparé à un exosquelette, ce dispositif est flexible car il peut s'adapter aux dimensions de la jambe du sujet sans nécessiter au préalable un ajustement mécanique [168].

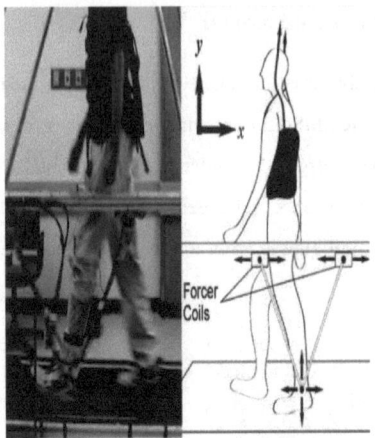

Figure II.28 : Système d'assistance de l'université de Californie [168].

II.4.1.8   L'orthèse de l'université de Turin-Italie

Il s'agit d'une orthèse pneumatique à un ddl, destinée à contrôler les mouvements des articulations de la hanche et du genou [92]. Des potentiomètres rotatifs permettent de mesurer la position angulaire de chaque articulation. Une mesure de la pression pneumatique permet d'évaluer le couple d'actionnement [14].

II.4.2   Orthèses de la cheville

II.4.2.1   L'orthèse de l'université de Harvard-USA

Cette orthèse, à un ddl et baptisée AAFO (Active Ankle Foot Orthosis), est composée d'un moteur électrique Brushless (BLDC) commandant le mouvement d'une vis à bille. La fonction de cette orthèse est d'améliorer le contact du pied avec le sol lors du cycle de marche chez les hémiplégiques. La déflexion du ressort est mesurée à l'aide d'un potentiomètre linéaire. Six capteurs de force capacitifs, placés dans la semelle, mesurent la force d'appui du pied sur le sol. L'orthèse est pilotée en temps réel à partir des informations fournies par les capteurs de force et de position. L'orthèse sans batterie pèse 2.6 kg (Fig.II.30) [16].

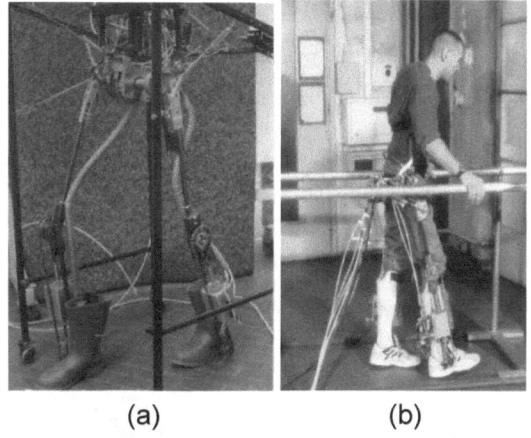

(a)   (b)

Figure II.29 : Orthèse de l'université de Turin, avec : (a) sans sujet, (b) avec sujet
[14].

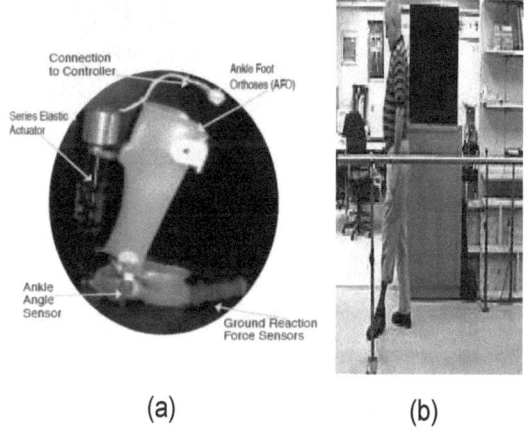

(a)   (b)

Figure II.30 : Orthèse AAFO de l'université de Harvard, avec : (a) sans sujet, (b)
avec sujet [www.biomech.media.mit.edu].

II.4.2.2   L'orthèse de l'université du Michigan-USA

Cette orthèse fonctionnelle, appelée PLLO (Powered Lower Limb Orthosis), possède un ddl. Elle a été conçue pour la rééducation des personnes ayant des dicultés
à marcher et aussi dans le but de réduire le travail de rééducation des thérapeutes.

Elle permet de contrôler le couple de flexion plantaire de la cheville. Elle est constituée d'un actionneur pneumatique jouant le rôle de muscle artificiel, capable de produire une force de contraction similaire à celle produite par un muscle réel. Un contrôleur de type Proportionnel régule, en temps réel, la pression d'air dans le muscle artificiel (Fig.II.31). Le contrôleur utilise en entrée le signal EMG de telle sorte que lorsque ce signal atteint un certain seuil, l'activation du muscle artificiel est bloquée ou diminuée, et qu'en dessous d'un certain niveau, elle est activée. Cette orthèse est utilisée avec un système de rééducation comportant un tapis roulant [64].

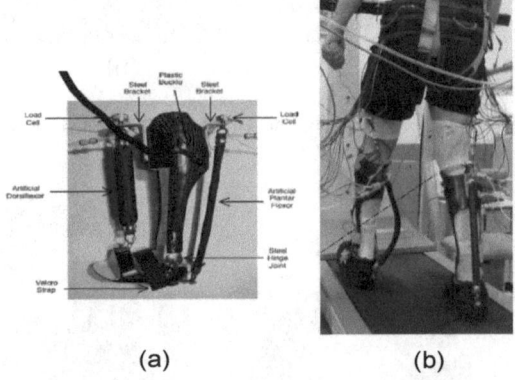

(a)   (b)

Figure II.31 : Orthèse PLLO de l'université de Michigan-USA, avec : (a) sans sujet, (b) avec sujet [64].

II.4.3   Orthèses du genou

II.4.3.1   L'exosquelette de l'université de Floride-USA

RoboKnee est un exosquelette à un ddl destiné à assister les mouvements du genou et aider la locomotion des personnes à mobilité réduite. Le système est composé de deux segments liés par un actionneur linéaire compliant de type *Series Elastic Actuator* [75], caractérisé par sa faible impédance (Fig.II.33). L'exosquelette applique la force nécessaire au mouvement en fonction d'une part, de la position angulaire mesurée à l'aide d'un potentiomètre linéaire placé parallèlement à l'axe de l'actionneur, et d'autre part de la force d'appui de la jambe sur le sol, mesurée à partir d'un capteur de force placé au niveau de la semelle. Le calcul du couple de commande est basé sur l'hypothèse que la force de réaction au sol est purement verticale. L'orthèse est commandée en position par un contrôleur Proportionnel Dérivé (PD) dont la sortie (couple à produire) est amplifiée ou réduite, selon la nécessité, par un facteur dans le but de compenser les faiblesses musculaires du sujet. Le système pèse au total 6kg (l'orthèse : 1.13kg, les batteries : 4kg) [166].

Figure II.32 : Exosquelette Roboknee de l'université de Floride [www.yobotics.com].

II.4.3.2   L'orthèse de l'université de Boston-USA

Cette orthèse fonctionnelle dont l'acronyme est AKROD (Active Knee Rehabilitation Orthotic Device), est destinée à la rééducation des mouvements de l'articulation du genou. Elle possède un ddl et utilise un actionneur à Fluide Electro-Rhéologique (ERF), permettant de fournir un couple résistif contrôlable et ajustable électriquement. Le système est équipé d'un capteur de couple et d'un codeur de position. On distingue deux modes de commande : le premier consiste en une poursuite en couple par un contrôleur Proportionne Intégral (PI), le deuxième consiste en une poursuite en vitesse à travers un contrôleur PID adaptatif. L'orthèse AKROD est un dispositif qui peut être utilisé pour diminuer les vibrations lors de l'utilisation des commandes en position [151].

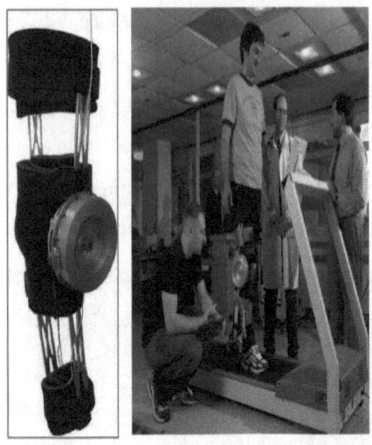

Figure II.33 : L'orthèse de l'université de Boston [151].

II.4.3.3 L'exosquelette de l'université de Berlin-Allemagne

Cet exosquelette, à un ddl, utilise un actionneur linéaire commandé en temps réel à partir de signaux EMG. L'actionneur est constitué d'une vis-à-billes couplée à un moteur à courant continu. La position angulaire, mesurée à partir d'un capteur de position, est comprise entre 0° (jambe tendue) et 98° (Fig.II.34). L'exosquelette fournit un couple additionnel d'assistance pour eectuer le mouvement souhaité. Ce couple est estimé à l'aide de tables établissant les relations entre les EMG mesurés et le couple articulaire du genou estimé à partir du modèle dynamique inverse du système [50, 49].

II.4.3.4 L'orthèse de L'université de Saitama-Japon

Cette orthèse fonctionnelle, conçue pour la rééducation des hémiplégiques et des paraplégiques, est commandée par un mécanisme de pseudo-muscles bi-articulaires utilisant des servo-actionneurs à transmission hydraulique bilatérale. Le système hydraulique d'un seul servo-actionneur est composé de deux cylindres fonctionnant en mode maître-esclave (Fig.II.35). L'orthèse est commandée par un contrôleur de type PID. Le poids de cette orthèse est de 7 kg [171].

Figure II.34 : Exosquelette de l'université de Berlin [50].

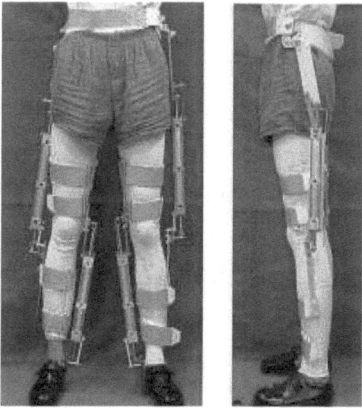

Figure II.35 : Orthèse de l'université de Saitama [171].

II.4.3.5 L'orthèse de l'université de Salford-Angleterre

Cette orthèse à 5 ddl par membre, est équipée d'actionneurs de type muscles artificiels pneumatiques de grande puissance, opérant par paire (Fig.II.36). Chaque paire de muscles antagonistes, associée à chaque articulation du membre inférieur, est commandée en position par un contrôleur Proportionnel Intégral Dérivé (PID). Lorsqu'un actionneur linéaire est activé sur une jambe, il est automatiquement désactivé sur l'autre jambe [32].

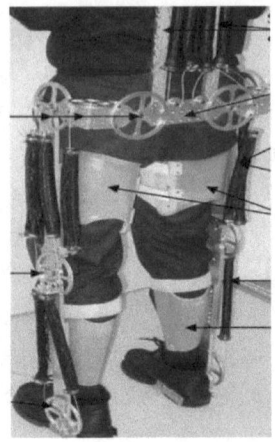

Figure II.36 : Orthèse de l'université de l'université de Salford [32].

II.4.3.6 Dispositif d'assistance de l'université de Cleveland-USA

Cet exosquelette, à un ddl, a été conçu dans le but d'assister les mouvements des personnes atteintes de lésions de la moelle épinière. Le système est contrôlé par stimulation électrique fonctionnelle (FES). Un actionneur hydraulique est placé au niveau de l'articulation du genou. Un capteur de force est placé au niveau de la semelle et 3 potentiomètres sont placés au niveau des articulations de la cheville, du genou et de la hanche. Ce dispositif se verrouille/déverrouille électro-mécaniquement afin d'assurer une stabilité verticale et un libre mouvement du sujet [106].

II.4.3.7 L'exosquelette HAL (Hybrid Assistive Limb)

HAL est un exosquelette motorisé développé dans un premier temps par l'université de Tsukuba et maintenant commercialisé par la société Japonaise Cyberdyne. Il s'agit d'un système de locomotion bipède conçu pour aider les personnes handicapées ou âgées, ayant des déficiences motrices. La locomotion bipède est assurée, à partir d'un suivi de trajectoires de marches (contrôle cybernétique volontaire), ou par synchronisation du mouvement de soutien avec celui déduit de l'intention du porteur estimé à partir de signaux EMG (contrôle bio-cybernétique) [77, 117]. Les actionneurs du système HAL sont commandés à travers un contrôleur classique PD.

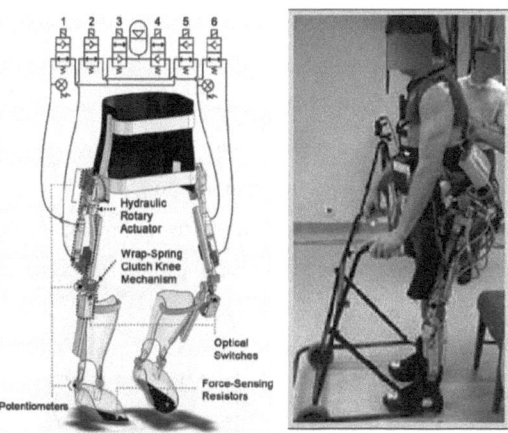

Figure II.37 : Orthèse hybride neuroprothèse de Cleveland [106].

Deux prototypes ont été construits :

1. Le premier est l'exosquelette **HAL-3** (figure II.38-(a)), conçu par l'équipe du Professeur Sankai de l'université de Tsukuba au Japon. Il dispose de 3 ddl, permettant la flexion/extension du genou, de la hanche et de la cheville. Les articulations de la hanche et du genou sont motorisées par des moto-réducteurs à courant continu. L'exosquelette HAL-3 peut être commandé en exploitant deux modalités de mesure : la première consiste à utiliser des capteurs de pression disposés dans les semelles et permettant l'estimation de la force de réaction au sol. La deuxième est basée sur l'inclinaison du tronc dans le plan frontal, mesurée à l'aide d'un accéléromètre placé au niveau du dos du sujet. Ces mesures caractérisent l'intention du patient à eectuer un pas droit ou gauche. Le cycle de marche est prédéfini et ajusté en fonction de la posture du sujet [97] ;

2. Le deuxième est l'exosquelette **HAL-5**, représenté figure II.38-(b), conçu pour assister les mouvements de la cheville, genou, hanche et bras [Zel09]. L'exosquelette HAL-5 possède des actionneurs électriques placés au niveau de quatre articulations (genou, hanche, épaule et coude). Les mouvements à eectuer sont estimés à travers les signaux EMG mesurés à partir les muscles exten-

55

seurs et fléchisseurs du genou et de la hanche. La force de réaction au sol (FRS) est mesurée à partir d'un capteur de pression placé dans la semelle. Les données sont transmises par connexion sans fil jusqu'à une unité centrale embarquée dans le sac à dos du porteur. Les batteries alimentant l'ensemble du système sont placées dans une ceinture portée par le sujet. Le contrôleur, les convertisseurs (A/N et N/A) et les cartes de commande des moteurs sont également placés dans le sac à dos. Le poids total du système HAL-5 est de 15 kg [97, 77].

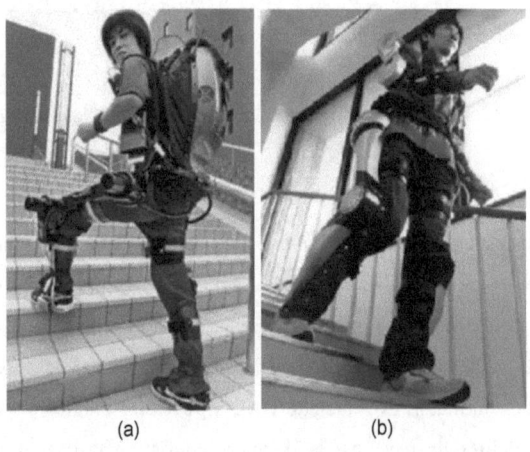

(a)　　　　　　　　　(b)

Figure II.38 : (a) Exosquelette HAL-3 [97], (b) Exosquelette HAL-5 [77].

II.4.4   Autres exosquelettes commercialisés

L'exosquelette ReWalk a été conçu dans le but d'aider les personnes paraplégiques dans leurs activités quotidiennes (figure II.39). Grâce à une télécommande, le porteur peut choisir le type de tâche à eectuer (se lever, marcher, monter des escaliers) [141].

Dans le même objectif, on peut citer l'exosquelette Rex (Robotic Exoskeleton), commercialisé par l'entreprise néo-zélandaise Auckland.

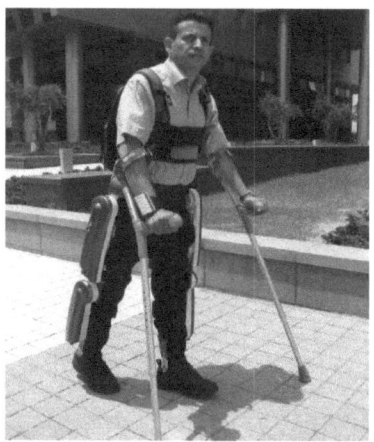

Figure II.39 : Exosquelette Rewalk conçu par la société Argo Medical Technologies [www.technologie-innovation.fr].

Figure II.40 : Exosquelette Rex conçu par de l'entreprise Auckland [www.rexbionics.com].

L'interaction du porteur avec ces deux exosquelettes se limite à un simple contrôle via un joystick ou une télécommande.

Table II.3 : Exosquelettes/Orthèses agissant sur l'articulation du genou

Protot.	Total ddl	N^{bre} ddl hanche	N^{bre} ddl genou	N^{bre} ddl cheville	EMG	Type du contrôl.	Type d'act.
Floride	1	0	1	0	Non	PD	linéaire/ électrique
Boston	1	0	1	0	Non	PI	rotatif/ ERF
Berlin	1	0	1	0	Oui	EMG	linéaire/ moteur CC
Saitama	1	0	1	0	Non	PID	linéaire/ hydraulique
Salford	5	1	1	3	Non	PID	linéaire/ pneumatique
Cleveland	1	0	1	0	Non		linéaire/ hydraulique
Tsukuba	3	1	1	1	Oui	PD	rotatif/ moteur CC
UPEC	1	0	1	0	Oui	MG	rotatif/ BLDC

II.4.5 Discussion et motivation

Le tableau II.3 résume les principales caractéristiques des prototypes considérés comme les plus représentatifs du domaine des exosquelettes/orthèses du membre inférieur. D'un point de vue commande, la plupart des prototypes présentés dans la littérature sont commandés à l'aide de contrôleurs classiques de type PID. Ce type de contrôleurs présente cependant de nombreux inconvénients en termes de performances : précision de suivi de trajectoire, robustesse vis-à-vis des incertitudes paramétriques et des perturbations externes. En eet, d'un point de vue opération- nel, l'inertie, les coe cients des frottements, ainsi que les coe cients viscoélastiques du membre inférieur varient d'un sujet humain à un autre. Les paramètres des actionneurs constituant l'exosquelette peuvent également varier en fonction des conditions environnementales telles que : la température, la durée d'utilisation, etc. De plus, des perturbations peuvent se produire lors de la réalisation d'un mouvement, telles qu'un mouvement imprévisible causé par l'utilisateur.

En dehors de l'utilisation de contrôleurs classiques, on peut noter l'emploi de commandes basées sur des approches bio-inspirées. Un contrôleur flou hybride, composé d'un contrôleur Bang-Bang et d'un contrôleur flou, est ainsi utilisé pour piloter un exosquelette du coude [220]. Cependant, la conception de la base de règles est intuitive et la stabilité du système n'est pas traitée. Kiguchi utilise quant à lui une approche de commande hiérarchisée neuro-floue pour commander les mouvements d'un exosquelette à partir de signaux EMG. La stabilité du système n'est là encore pas étudiée [104].

La commande par modes glissants est une approche de commande robuste, qui est rarement utilisée pour le contrôle des exosquelettes/orthèses. Jezernik utilise un contrôleur basé sur les modes glissants pour piloter le système Lokomat^{TM} [94]. Banala propose deux contrôleurs pour piloter un système de rééducation du membre inférieur. Le premier est basé sur les modes glissants d'ordre un pour déplacer le membre inférieur du sujet selon une trajectoire désirée. Le second contrôleur est une commande linéarisante qui consiste à mesurer le couple fourni par le sujet et à appliquer un couple complémentaire permettant de déplacer le membre inférieur selon une trajectoire désirée [9]. Weinberg propose deux approches pour commander une orthèse dédiée à la rééducation des personnes sourant de problèmes de raideur du genou : la première consiste en un contrôleur PI pour la commande en couple de l'orthèse ; la seconde est basée sur un contrôleur de vitesse utilisant une commande par modes glissants d'ordre un et un contrôleur PID adaptatif [205]. L'utilisation de la commande par modes glissants d'ordre un introduit cependant le phénomène de broutement (chattering) dans le signal de commande. Ce phénomène peut conduire à l'instabilité du système voire à l'endommagement du système d'actionnement. La commande par Modes Glissants d'ordres Supérieurs peut constituer une solution efficace à ce problème tout en assurant de bonnes performances en termes de poursuite de trajectoire et de robustesse.

Cette thèse vise la proposition et la validation d'une approche de commande robuste et référencée intention d'une orthèse active du genou, développée au laboratoire Lissi. Cette orthèse est destinée à assister des mouvements de flexion/extension du genou pour des personnes sourant de pathologies de cette articulation, de type gonarthrose ou déficience ligamentaire du genou. Elle peut également être utilisée pour le renforcement musculaire des quadriceps. Dans notre étude, l'objectif visé est de développer une stratégie de contrôle prenant en considération les non-linéarités ainsi que les incertitudes résultant de la dynamique du système membre inférieur-orthèse. La modélisation dynamique et l'identification paramétrique de ce système sont développées dans le chapitre III. Dans l'approche de commande que nous développons dans le chapitre IV, il s'agit de garantir d'une part, un bon suivi de la trajectoire désirée imposée par le thérapeute ou par le sujet lui-même, et d'autre part, une bonne robustesse vis-à-vis des perturbations externes pouvant se produire lors des mouvements de flexion/extension. La stabilité du système membre inférieur-orthèse lors du suivi de la trajectoire de référence, constitue une problématique importante que nous traitons dans cette thèse. Une autre problématique importante à laquelle nous nous attaquons est celle de l'estimation de l'intention du sujet à partir de la mesure des signaux EMG caractérisant les activités musculaires volontaires du groupe musculaire quadriceps. Dans l'approche que nous développons dans le chapitre IV, l'objectif est de privilégier l'emploi d'une approche bio-inspirée pour s'aranchir d'un modèle d'activation et de contraction musculaire complexe.

Chapitre III

Modélisation & Identification

III.1   Introduction

Dans ce chapitre, nous développons la modélisation dynamique et l'identification paramétrique du système équivalent membre inférieur/exosquelette. Cette étape est nécessaire pour disposer d'un modèle de connaissances, et élaborer des lois de commande adaptées. Dans la première partie du chapitre, nous présentons le prototype d'orthèse active développé au laboratoire LISSI, puis nous établissons dans la deuxième partie les modèles dynamiques de l'orthèse et du membre inférieur d'un sujet humain portant l'orthèse en considérant le mouvement de flexion/extension du genou. Dans la dernière partie, nous donnons un aperçu sur les méthodes d'identification qui existent dans la littérature. La méthode des moindres carrées est ensuite adoptée pour l'identification des paramètres dynamiques de l'orthèse et d'une partie des paramètres dynamiques du membre inférieur. Les paramètres anthropomorphiques restants sont quant à eux identifiés à partir des équations de régression de Zatsiorsky et de Winter.

III.2 Orthèse fonctionnelle du Laboratoire Lissi

III.2.1 Structure mécanique

L'orthèse du laboratoire Lissi est une structure mécanique à un ddl, composée de deux segments (supérieur et inférieur) s'articulant autour de l'axe de rotation du genou (figure III.1). Le mécanisme d'actionnement, illustré figure III.2, utilise un actionneur électrique de type moteur Brushless (BLDC) monté sur le segment supérieur de l'orthèse. Le système d'actionnement consiste en un vérin linéaire à base d'une vis-à-billes qui actionne l'axe de rotation de l'orthèse à l'aide d'un câble de traction ; la vis-à-billes étant entraînée par le moteur brushless et un système de transmission par poulie-courroie. Pour des raisons de sécurité, des butées mécaniques ont été ajoutées afin de limiter les débattements de l'orthèse. Ces débattement varient entre 0° (extension totale du genou) et 135° (flexion totale du genou).

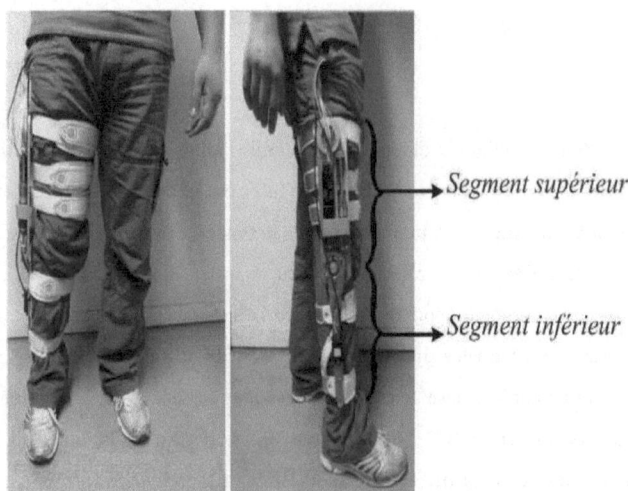

Figure III.1 : Orthèse du laboratoire Lissi portée par un sujet humain en station debout.

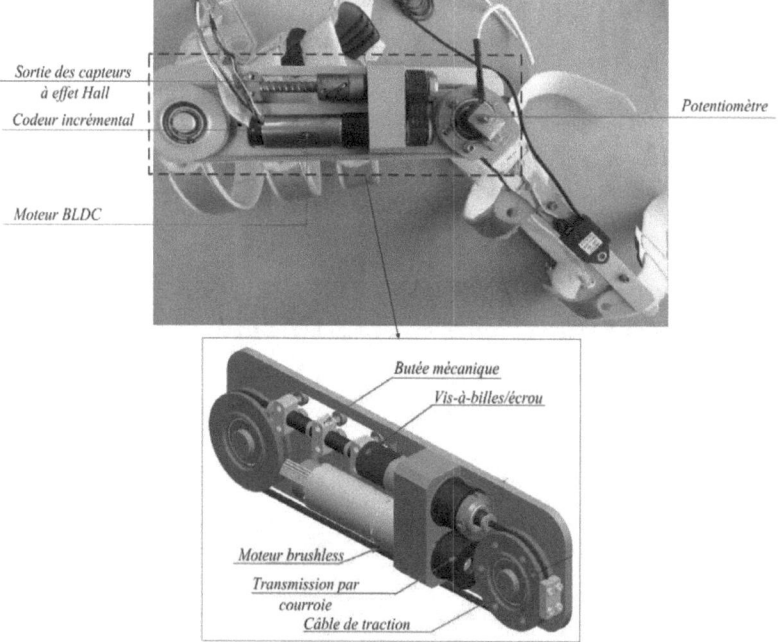

Figure III.2 : Système d'actionnement de l'orthèse.

III.2.2 Capteurs et actionneur

III.2.2.1 Capteurs de l'orthèse

Les capteurs équipant l'orthèse du Lissi sont décrits ci-dessous :

1. **Codeur incrémental rotatif** : Il permet de mesurer la position angulaire de l'orthèse et donc de l'articulation du genou.

2. **Capteur de courant** : Il permet d'estimer le couple généré par l'orthèse.

3. **Capteurs à e et Hall** : Trois capteurs à e et Hall disposés en triangle sont utilisés pour estimer la position du rotor du moteur brushless par rapport à celle du stator.

4. **Electrogoniomètre** : Il permet de mesurer la position articulaire du genou du sujet (figure III.3). Ce capteur est utilisé en particulier pour le test du pendule passif (cf. paragraphe II).

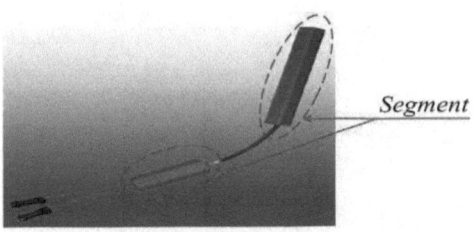

Figure III.3 : L'électogoniometre.

5. **Capteurs EMG** : Ils permettent de mesurer, à travers des électrodes adhésives, l'activité musculaire produite lors de la contraction musculaire (figure
III.4).

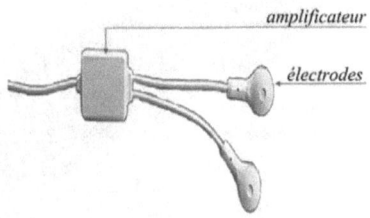

Figure III.4 : Électrode de surface EMG.

III.2.2.2 Actionneur de l'orthèse

L'actionneur de l'orthèse est de type moteur brushless (appelé aussi moteur sans
balais). Il s'agit d'un moteur synchrone dont le rotor est à aimant permanent et
suit le champ du stator sans glissement. La commutation électronique constitue la
particularité de ce type de moteur qui a été choisi pour ses nombreux avantages :
légèreté, ecacité en basses fréquences, fiabilité, sortie de couple élevé.

III.2.3 Electromyographie

L'électromyographie est basée sur les variations des potentiels électriques de la
membrane des fibres musculaires lors de leurs contractions musculaires [158]. L'élec-
tromyogramme permet de mesurer et d'enregistrer cette activité musculaire grâce à
des électrodes placées à la surface de la peau et reliées à un amplificateur. Les signaux

EMG obtenus sont ensuite exploités pour établir des relations entre les phénomènes électriques mesurés et l'activité nerveuse et musculaire, volontaire ou réflexe. Cette technique est très utilisée dans diérents domaines et plus particulièrement en or-thopédie, en rééducation et en ergonomie [160, 109].

En général, les signaux EMG sont mesurés à l'aide d'*électrodes de surface* placés sur des *muscles stimulables*. Étant donné que le signal EMG mesuré sur les muscles est bruité, des filtres sont nécessaires pour extraire le signal EMG utile. Dans ce qui suit, nous expliquons ces diérents aspects :

1. **Électrodes de surface EMG :**

   En général, les électrodes de surface EMG sont adhésives et se collent sur la peau (figure III.5). Afin d'obtenir la meilleure mesure possible du signal, les électrodes de surface EMG sont placées au niveau des points moteurs de chaque muscle stimulé. Un point moteur correspond anatomiquement à la plus grande concentration de plaques motrices [68]. L'emplacement des électrodes et l'impédance des tissus stimulés peuvent influencer la densité du courant et donc la réponse des éléments stimulés. En eet, plus deux électrodes sont éloignées l'une de l'autre et plus la densité du courant est faible. Notons que l'impédance représente la résistance qu'oppose un tissu au passage du courant. Chaque tissu biologique (peau, tissus adipeux, nerveux et musculaires) possède une impédance propre.

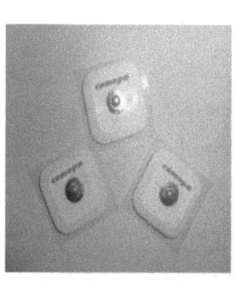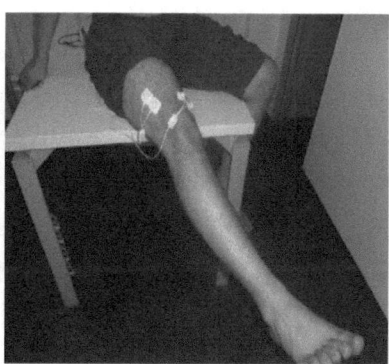

Figure III.5 : (a) Électrodes de surface EMG, (b) Exemple de placement des électrodes de surface EMG sur des muscles de la cuisse.

2. Muscles stimulables par les électrodes de surface EMG :

Au niveau du membre inférieur, les principaux muscles stimulables par les électrodes de surface EMG sont les suivants (figure III.6) : le quadriceps (le rectus femoris, le vastus lateralis, le vastus medialis, le vaste intermédiaire) et les ischios-jambiers.

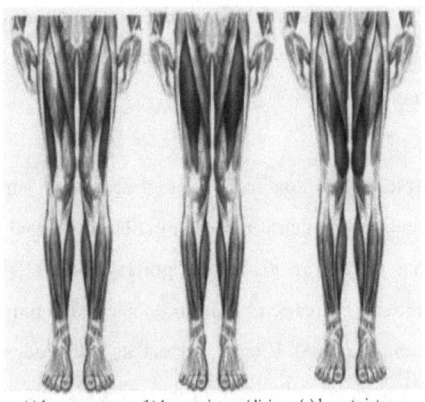 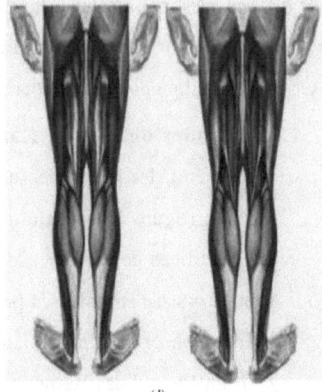

(a) le vaste externe (b) le vaste intermédiaire (c) le vaste interne (d)

Groupe musculaire quadriceps Groupe musculaire ishio-jambiers

Figure III.6 : Principaux muscles stimulables du membre inférieur [www.easygym.com].

3. Extraction du signal EMG :

Le signal EMG mesuré sur un muscle stimulé est dans tous les cas accompagné de bruits parasites qui peuvent être créés par : le muscle, le membre lui même, les électrodes de surface, les instruments de mesure, ou bien par l'environnement. L'extraction du signal EMG utile à partir du signal mesuré nécessite en général une procédure en 3 étapes :

(a) Rectification du signal EMG mesuré :

En premier lieu, le signal EMG mesuré (EMG_m) par les électrodes de surface est rectifié (EMG_r). Pour cela, la valeur absolue est appliquée, sur chaque échantillon i, comme suit :

$$EMG_r(i) = |EMG_m(i)| \qquad \text{(III.1)}$$

(b) **Extraction de l'allure du signal EMG (premier filtre) :**

Ce filtre permet d'extraire l'allure (la forme) du signal EMG rectifié (EMG_r) [88] :

$$EMG_a = \sqrt{\frac{1}{N} \sum_{j=1}^{n} v_j^2} \qquad (III.2)$$

– v_j représente la tension mesurée au $j^{\grave{e}me}$ échantillon ;

– n est le nombre d'échantillons dans une fenêtre.

(c) **Lissage du signal (deuxième filtre) :**

Ce filtre agit sur le signal produit par le premier filtre. Il permet de lisser le signal EMG_a :

$$EMG_l = \frac{1}{N} \sum_{j=1}^{n} EMG_{a_j} \qquad (III.3)$$

La figure III.7 montre l'exemple d'un signal EMG mesuré sur le muscle quadriceps puis filtré en utilisant la procédure précédente.

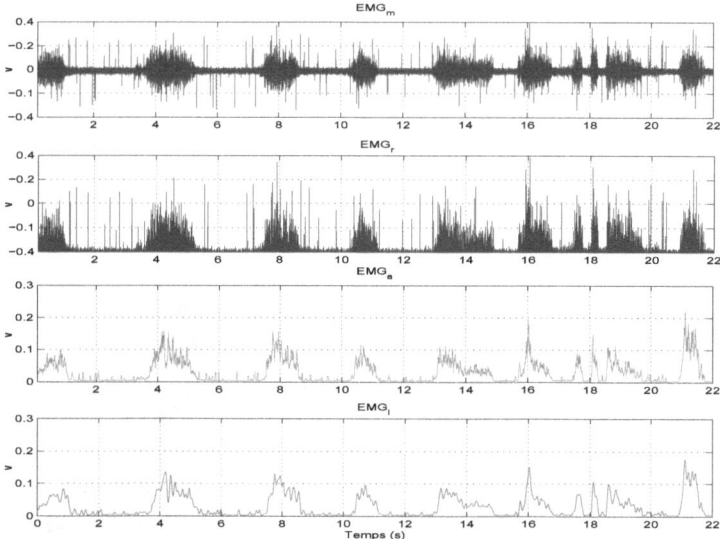

Figure III.7 : Exemple de rectification et de filtrage d'un signal EMG mesuré sur le muscle quadriceps.

III.2.4 Interface électronique de contrôle

Le système membre inférieur-orthèse est contrôlé à travers une carte DSpace DS1103 embarquée sur un PC et une carte d'acquisition et de puissance développée au sein du laboratoire LISSI (figure III.8).

Figure III.8 : Carte d'acquisition et de puissance.

Le système membre inférieur-orthèse est contrôlé en position, en se basant sur les diérentes lois de commande que nous développerons dans le chapitre III. La carte DSPace 1103 calcule, en temps réel, le couple nécessaire pour suivre la trajectoire désirée (figure III.9). Ce couple est ensuite appliqué à l'orthèse sous forme d'un signal MLI.

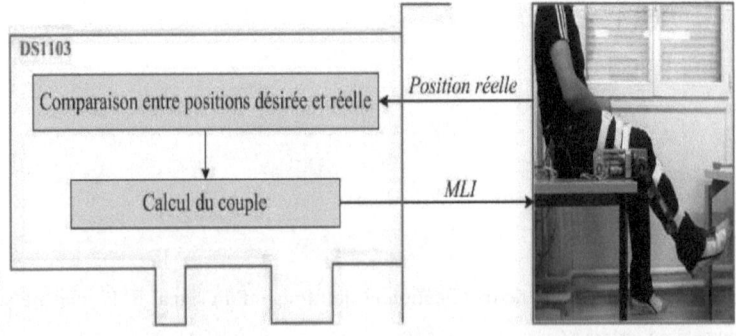

Figure III.9 : Schéma de commande simplifié du système membre inférieur-orthèse.

III.3 Système musculo-squelettique

III.3.1 Modèle géométrique du membre inférieur d'une personne en position assise

Comme le montre la figure III.10, le système étudié représente dans le plan sagittal, un sujet humain en position assise, eectuant un mouvement de la jambe autour de l'articulation du genou. Les mouvements du genou ont des amplitudes bornées entre 0° et 135° où 0° correspond à l'extension totale du genou, 135° à sa flexion maximale et 90° à sa position du repos (équilibre).

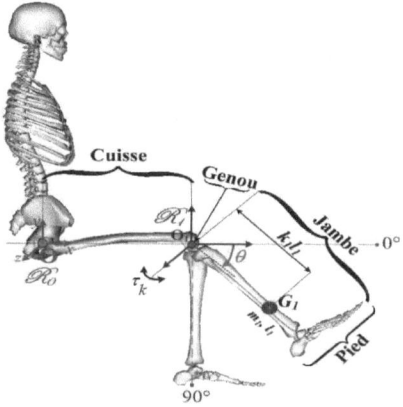

Figure III.10 : Représentation dans le plan sagittal d'un sujet humain en position assise.

La position du centre de gravité G_1 de la jambe, exprimée dans le repère cartésien Rx, s'écrit :

$$\overrightarrow{O_1G_1} = (k_1 l_1 \cos\ )\ \overrightarrow{i} - (k_1 l_1 \sin\ )\ \overrightarrow{j} \qquad (III.4)$$

III.3.2 Modèle musculo-tendineux

Avant les travaux de Hill [82], le muscle était considéré comme un organe visco-élastique ayant la capacité de se transformer sous l'action d'un stimulus électrique : le muscle passe d'un état mou à un état raide et visqueux. En 1938, Hill eectue des expériences sur les muscles d'une grenouille afin d'étudier la relation entre l'énergie libérée et le raccourcissement du muscle, et ainsi formuler une relation spécifique entre la force générée par le muscle stimulé et la vitesse à laquelle ce muscle se contracte. En eet, à vide, un muscle peut se contracter jusqu'au tiers de sa taille avec une vitesse de raccourcissement maximale [82]. La vitesse et la longueur du muscle varient selon la charge appliquée pendant sa contraction isométrique. Cette dernière correspond à la contraction du muscle pour résister à une contrainte sans qu'il n'y ait de mouvement articulaire. C'est par exemple ce qui se produit lorsqu'on essaye de soulever une charge trop lourde puisque, les muscles se contractent au maximum sans qu'ils puissent réussir à soulever cette charge.

III.3.2.1 Modèle du tendon

Le modèle du tendon le plus utilisé est celui établi par Martin Lamontagne de l'Université de Montréal [116]. Ce modèle a été proposé pour vue d'étudier les propriétés mécaniques et le comportement viscoélastique tendineux (figure III.11). La force du tendon s'exprime selon la relation suivante :

$$F_t = K_{el}(l_{el} - l_{el_0}) - K_a(l_a - l_{a_0}) \tag{III.5}$$

où :

- l_{el_0} et l_{el} représentent respectivement la longueur de l'élément élastique à l'instant initial (position de repos) et à l'instant t ;
- l_{a_0} et l_a représentent respectivement la longueur de l'élément visqueux à l'instant initial (position de repos) et à l'instant t ;
- K_{el} et K_a représentent respectivement le coecient de raideur et le coecient d'amortissement.

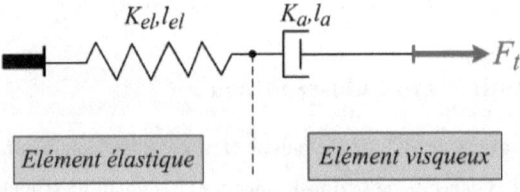

Figure III.11 : Modèle du tendon.

III.3.2.2 Modèle de Hill

D'un point de vue anatomique, le tendon ne génère pas de mouvement. Seul le muscle constitue l'élément actif du squelette [152]. Il peut se contracter ou s'étirer en fonction de l'excitation nerveuse et du mouvement désiré. La relation *relation Force-Vitesse* entre la vitesse de raccourcissement du muscle v et la charge P imposée à ce dernier s'exprime comme suit [82] :

$$(P + a)(v + b) = c \qquad (III.6)$$

où a, b et c sont des paramètres constants dépendant du muscle.

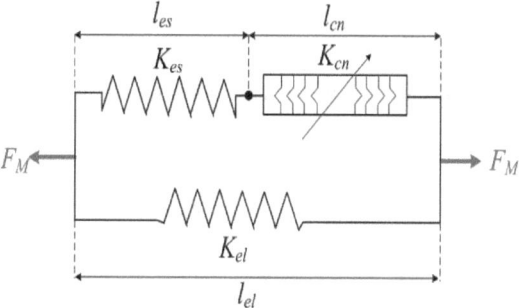

Figure III.12 : Modèle du muscle de Hill.

Comme le montre la figure III.12, le modèle de Hill est constitué d'un élément contractile (K_{cn}), de longueur l_{cn} qui représente le générateur de la force produite par l'élément actif du muscle et d'un élément élastique (K_{es}), de longueur l_{es}. Ces deux éléments mis en série sont reliés en parallèle à un autre élément élastique (K_{el}), de longueur l_{el}, représentant la résistance passive du muscle. Notons que dans [180], on peut trouver la définition suivante qui précise la diérence entre K_{es} et K_{ep} : l'élément parallèle K_{el} représente les connexions des tissus intermusculaires qui entourent les fibres du muscle squelettique, et l'élément série K_{es} représente l'élasticité des ponts de filaments dans le muscle. Lors d'une contraction isométrique, l'élément K_{es} s'allonge tandis que l'élément K_{cn} se raccourcit.

III.3.2.3 Modèle de Zajac

Le modèle de Zajac est une variante de celui de Hill. Il permet de décrire la dynamique de l'actionneur muscle-tendon par l'ajout en série d'un élément K_{tn} qui représente les tendons inclinés d'un angle   par rapport à l'axe du muscle (figure III.7) [215, 214].

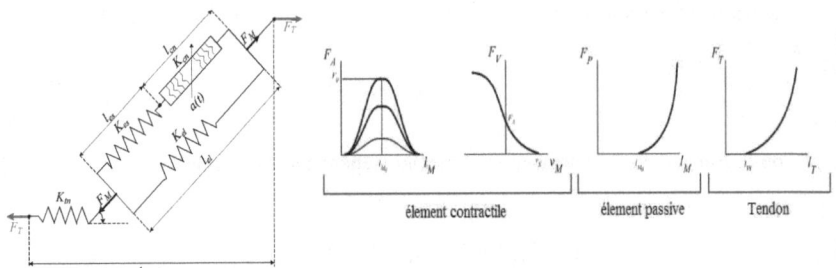

Figure III.13 : Modèle musculo-tendineux de Zajac.

     est appelé *angle de pennation* et représente l'angle entre les fibres musculaires et les tendons au point de connexion. La force musculaire (F_M) s'écrit :

$$F_M = F_{max}\left(a(t)f()f_c(v) + f_p() \right) \qquad (\text{III.7})$$

où :

- f_{max} est la force maximale qu'un muscle peut développer pour une contraction isométrique avec $a(t) = 1$ (activité musculaire maximale),
- $a(t) \in [0, 1]$ représente l'activation musculaire qui dépend de l'excitation nerveuse $u(t)$,
- $f()$ et $f_p()$ sont des fonctions reliant la force musculaire (F_M) à la déformation des fibres musculaires (relation force-longueur active et passive). L'expression de la fonction $f()$ est donnée comme suit :

$$f() = exp^{-\left(\frac{l_m - l_m^0}{l_m^{sh}}\right)^2} \qquad (\text{III.8})$$

où l_m et l_m^0 représentent respectivement la longueur du muscle et sa longueur initiale (au repos) et l_m^{sh} la largeur de la courbe force-longueur,

– $f_c(v)$ est la fonction exprimant la force générée par un muscle à partir de sa vitesse de contraction. Elle s'écrit :

$$f_c(v) = \begin{cases} 0 & \text{si } v_m \leq -v_{max}, \\ \frac{V_{sh}(v_{max} + v_m)}{V_{sh}(v_{max} - v_m)} & \text{si } -v_{max} \leq v_m \leq 0, \\ \frac{V_{sh} V_{shl} v_{max} + V_{ml} v_m}{V_{sh} V_{shl} v_{max} + v_m} & \text{si } v_m \geq 0 \end{cases} \qquad \text{(III.9)}$$

où : V_{sh} et V_{shl} représentent respectivement la concavité de la courbe de Hill lorsque le muscle se raccourcit ou bien s'étire. V_{ml} représente la vitesse maximale pour une contraction concentrique (i.e. lorsque les points d'insertion des muscles s'éloignent).

En se basant sur une étude géométrique du système, la relation entre la force tendineuse et la force musculaire peut s'écrire :

$$F_T = F_M \cos(\ ) \qquad \text{(III.10)}$$

L'angle de pennation varie en fonction de la longueur des fibres musculaires [125]. Son expression est :

$$= \arcsin\left(\frac{l_{0.}\ _0}{l}\right) \qquad \text{(III.11)}$$

où l_0 représente la longueur du muscle au repos, $l(t)$ représente la longueur des fibres musculaires en fonction du temps et $_0$ l'angle de pennation à la longueur l_0 des fibres musculaires.

III.3.2.4 Modèle de l'activation musculaire

Le SNC excite les muscles squelettiques à travers une excitation nerveuse $u(t)$. La relation entre l'excitation $u(t)$ et l'activité musculaire $a(t)$ a été traitée dans diérents travaux [181, 182, 125, 185]. Le modèle le plus couramment utilisé dans la littérature est donné comme suit [184] :

$$\dot{e} = (u - e)/\ _{ne} \qquad \text{(III.12)}$$

$$\dot{a} = (e - a)/ \qquad \text{(III.13)}$$

avec :

$$= \begin{cases} _{ac} & \text{si } e \geq a \\ _{deac} & \text{si } e < a \end{cases} \qquad \text{(III.14)}$$

où $_{ne}$ représente la constante de temps d'excitation, $_{act}$ et $_{deact}$ représentent respectivement les constantes d'activation et de désactivation. Habituellement $_{act}$ = 15ms et $_{deact}$ = 50ms. Cependant, pour les personnes âgées, la valeur de $_{deact}$ décroît et peut atteindre 60ms.

III.3.3 Modèle dynamique du système membre inférieur-orthèse en position assise

Étudier le comportement du système membre inférieur-orthèse, passe par l'établissement de son modèle dynamique. D'une manière générale, il s'agit d'établir les équations mathématiques liant les couples exercés par les actionneurs aux mouvements du système. Le formalisme de Lagrange est ici utilisé pour établir les équations du modèle dynamique inverse du système. L'équation de Lagrange s'écrit :

$$\frac{d}{dt}\left(\frac{\partial \mathcal{L}}{\partial \dot{}_i}\right) - \frac{\partial \mathcal{L}}{\partial _i} = {}_i \tag{III.15}$$

où :

- $_i$ et $_i$ représentent respectivement la position et le couple associés au $i^{\grave{e}me}$ degré de liberté du système,
- $\mathcal{L} = E_k - E_p$ est le Lagrangien avec E_k l'énergie cinétique du système et E_p son énergie potentielle.

Comme le montre la figure III.14, l'ensemble du système représente une personne en position assise, portant l'orthèse active au niveau de l'articulation du genou.

Les coordonnées généralisées de la jambe-pied s'écrivent :

$$\overrightarrow{O_1G_1} = k_1 l_1 cos(\ )\overrightarrow{i} - k_1 l_1 sin(\ )\overrightarrow{j} \tag{III.16}$$

Les coordonnées généralisées du segment inférieur de l'orthèse s'écrivent :

$$\overrightarrow{O_1G_2} = k_{11} l_{11} cos(\ )\overrightarrow{i} - k_2 l_2 sin(\ )\overrightarrow{j} \tag{III.17}$$

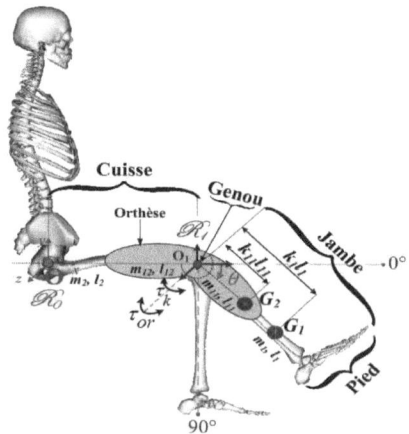

Figure III.14 : Représentation équivalente de l'ensemble membre inférieur-orthèse dans le plan sagittal.

L'énergie potentielle et l'énergie cinétique du système jambe/segment inférieur de l'orthèse s'écrivent :

$$E_p = (m_1 k_1 l_1 + m_{11} k_{11} l_{11}) g \sin(\ ) \qquad \text{(III.18)}$$

$$E_k = \frac{1}{2}(I_1 + I_{11})\ ^{\cdot 2} \qquad \text{(III.19)}$$

À partir de (III.18) et (III.19), le modèle dynamique du système jambe-orthèse peut être exprimé sous la forme suivante [137] :

$$(I_1 + I_{11})\ ^{\cdot\cdot} + (f_{v_k} + f_{v_{or}})\ ^{\cdot} - (m_1 k_1 l_1 + m_{11} k_{11} l_{11}) g \cos(\ ) = \ _{or} + \ _k - (f_{s_k} + f_{s_{or}}) sign(\ ^{\cdot})$$
$$\text{(III.20)}$$

où :

- $(f_{v_k} + f_{v_{or}})\ ^{\cdot} + (f_{s_k} + f_{s_{or}}) sign(\ ^{\cdot})$ représente l'ensemble des couples passifs du système orthèse-jambe,
- $(f_{s_k} + f_{s_{or}}) sign(\ )$ est le couple résistif dû au frottement sec,
- $(f_{v_k} + f_{v_{or}})\ ^{\cdot}$ correspond au couple résistif dû au frottement visqueux du système genou-orthèse.

L'allure théorique des couples résistifs dus aux frottements est représentée figure III.15.

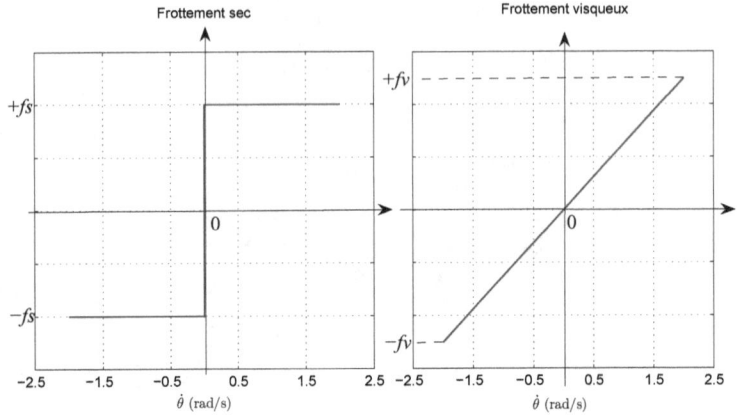

Figure III.15 : Couples théoriques dus aux frottements sec et visqueux de l'orthèse.

Le modèle dynamique décrit par l'équation (III.20) est appelé *modèle dynamique direct* car il permet de décrire le mouvement du système membre inférieur-orthèse à partir du couple agissant sur l'articulation du genou. Le modèle permettant de calculer le couple articulaire nécessaire à l'obtention d'un mouvement donné est appelé *modèle dynamique inverse*. Pour le système membre inférieur-orthèse, il s'écrit sous la forme suivante :

$$\ddot{\theta} = \frac{1}{(I_1 + I_{11})}\Big(-(f_{v_k} + f_{v_{or}})\dot{\theta} + (m_1 k_1 l_1 + m_{11} k_{11} l_{11})g\cos(\theta) + \tau_{or} + \tau_k - (f_{s_k} + f_{s_{or}})sign(\dot{\theta})\Big)$$

$$(III.21)$$

III.4   Identifications paramétriques

Dans ce paragraphe, nous traitons de l'identification des paramètres des modèles dynamiques et anthropométriques du système membre inférieur-orthèse. Après avoir passé en revue les méthodes d'identification paramétriques les plus couramment utilisées dans la littérature, et spécifié les paramètres dynamiques à identifier, nous présentons la méthode d'identification retenue, à savoir la méthode par minimisation aux moindres carrés de l'erreur d'entrée, basée sur le modèle inverse linéaire selon le vecteur des paramètres dynamiques. Cette méthode est ensuite appliquée pour l'identification des paramètres dynamiques de l'orthèse et d'une partie des paramètres dynamiques du membre inférieur comme l'inertie et les coecients de frottements sec et visqueux de l'articulation du genou. Le reste des paramètres tels que les masses, les longueurs et les positions des centres de gravité du membre inférieur sont quant à eux estimés à partir des équations de régression de Zatsiorsky et de Winter, en se basant sur la taille et le poids du sujet.

III.4.1 Sur les méthodes d'identification

L'étape d'identification consiste à déterminer l'ensemble des paramètres nécessaires à la construction d'un modèle (masses, inerties et frottements pour le modèle dynamique). En général, les paramètres du modèle dynamique ne peuvent pas être facilement identifiés à partir des plans de conception. Ainsi, l'estimation précise des paramètres d'inertie et de frottement ne peut être obtenue qu'à partir du système réel totalement assemblé. Dans le cas de l'orthèse, ceci permet de prendre en compte les câblages et les courroies de transmission (mécanisme d'entraînement). Dans [4], la méthode développée pour l'identification du modèle dynamique d'un système robotique consiste à eectuer des essais expérimentaux séparément sur chacun de ses éléments mécaniques avant leur assemblage. Cette technique d'identification est cependant insusante pour l'obtention des paramètres réels du robot. Mais d'une manière générale, les mesures précises sur les pièces mécaniques avant assemblage ne sont souvent pas eectuées, et il n'est pas envisageable de démonter le système pour identifier chaque pièce séparément. Dans [3, 6], une autre méthode d'identification utilisant un outil de CAO consiste à estimer les paramètres du robot à partir de considérations géométriques sur ses segments et en supposant que ses masses sont uniformément réparties. En pratique, cette hypothèse n'est pas toujours vérifiée et par conséquent cette méthode est rarement utilisée [1].

Pour palier les inconvénients des méthodes ci-dessus, plusieurs approches ont été proposées dans la littérature [56, 58, 60, 102, 111]. Ces méthodes possèdent les points communs suivants :

– échantillonnage du modèle dynamique le long d'un mouvement du robot ;

– utilisation de la forme factorisée QR, SVD (Singular Value Decomposition :

Décomposition en valeurs singulières) ;

– calcul et génération de mouvements excitants.

Dans [183], les auteurs proposent une approche basée sur la méthode du maximum de vraisemblance. Cependant, cette méthode suppose que les mesures sont aectées par un bruit blanc gaussien $\left(\sim \mathcal{N}(0, \ ^2)\right)$ et que les vitesses et les accélérations du robot sont indépendantes de ce bruit. En pratique, ces conditions d'identification sont parfaites et sont par conséquent, rarement vérifiées. Dans [23], la méthode précédente a été améliorée pour prendre en considération les incertitudes du modèle dynamique. D'autre méthodes d'identification dites *en ligne* ont été récemment développées. Dans [114, 113, 112], les auteurs proposent des techniques pour l'estimation des paramètres inertiels des robots tout en garantissant de bonnes performances en terme de temps de calcul. D'autres travaux de recherche élargissent le nombre des paramètres à identifier aux : inerties, coecients d'amortissements, raideurs [71, 72, 73].

D'autres techniques ont été développées : celles basées sur des modèles neuronaux [28, 148, 219, 176], celles basées sur les modèles flous [105, 154], ou encore celles basées sur l'algorithme LWL (Locally Weighted Learning) l'algorithme LWPR (Locally Weighted Projection Regression) [173, 198].

Les méthodes ensemblistes permettent aussi une identification paramétrique tout en tenant compte des erreurs structurelles de modélisation telles que les bruits de mesure, les jeux dans les articulations du robot, les erreurs de modélisation, etc. et ce, sans faire d'hypothèses sur la nature de ces erreurs.

III.4.2 Identification par modèle inverse et moindres carrés d'erreur d'entrée : principe & application

III.4.2.1 Forme linéaire du modèle dynamique du système

La démarche consiste à utiliser le modèle dynamique inverse d'un système robotique qui s'exprime sous une forme linéaire par rapport aux paramètres dynamiques à estimer. Soit :

$$= W(, \, , \, \ddot{} \,)X$$

où :

- représente le vecteur des couples moteurs ;
- W est la matrice des observations ;
- X le vecteur des paramètres dynamiques à identifier.

Le jeu de paramètres identifiables (appelés paramètres de base) peut être obtenu par élimination des paramètres qui n'ont pas d'eet sur le modèle dynamique, ou bien en regroupant certains paramètres du modèle dynamique en un seul paramètre [133, 57, 56, 161].

III.4.2.2 La trajectoire excitante

Le choix de la trajectoire excitante est très important pour l'identification des paramètres dynamiques du système robotique. En eet, cette trajectoire doit être susamment riche en fréquences et en amplitudes pour pouvoir exciter au mieux le système et permettre ainsi une bonne identification de ses paramètres dynamiques. Une trajectoire excitante se traduit par un bon conditionnement de la matrice d'observation W. Pour obtenir ce conditionnement, deux stratégies peuvent être utilisées [100] :

1. **Identification séquentielle** : ce type d'identification a fait l'objet de plusieurs travaux de recherche [55, 70, 13]. Dans ces approches, les paramètres dynamiques sont identifiés par petits groupes à partir de mouvements simples sollicitant uniquement certaines articulations tout en bloquant les autres. Cependant, cette méthode d'identification n'est pas recommandée du fait qu'elle introduit une accumulation d'erreurs entre les paramètres déjà identifiés et ceux en cours d'identification [103]. Dans [33], la méthode d'identification utilisée permet d'estimer les coecients de frottement de chaque articulation, séparément, en réalisant des mouvements à vitesse constante. Cette méthode a été étendue par la suite pour permettre l'identification des paramètres inertiels [66].

2. **Mouvement excitant** : cette approche permet de calculer la trajectoire excitante en utilisant des méthodes d'optimisation non-linéaires dont les critères à minimiser sont les suivants :

   a. Le conditionnement de la matrice d'observation W :

$$cond(W^T W) = \frac{max(W^T W)}{min(W^T W)} \qquad \text{(III.22)}$$

   où $min(W^T W)$ et $max(W^T W)$ représentent respectivement les valeurs singulières minimale et maximale de la matrice d'observation W.

   b. Un critère permettant de garantir une faible incertitude de l'estimation des paramètres dynamiques [183]. Ce critère s'écrit :

$$-log[det(C)] \qquad \text{(III.23)}$$

   où C est la matrice de covariance.

   c. Un critère sous la forme d'une combinaison du conditionnement de la matrice d'observation W et de l'inverse de la plus petite valeur singulière [167]. Ce critère s'écrit :

$$cond(W) + \frac{1}{min(W)} \qquad \text{(III.24)}$$

   d. Un critère permettant de calibrer les écart-types relatifs aux paramètres ayant un eet sur le modèle d'identification ; l'ordre de grandeur des paramètres à estimer doit être cependant connu [167] :

$$cond\left(W \ diag(Z)\right)$$

   où $diag(Z)$ est la matrice diagonale dont les éléments diagonaux représentent le vecteur des connaissances, a priori, sur les paramètres dynamiques.

La **Trajectoire excitante optimale** est calculée en résolvant un problème d'optimisation basé sur la minimisation sous contraintes d'une fonction objective. Dans le cas de l'optimisation linéaire, plusieurs algorithmes ont été proposés tels que la méthode de Programmation Linéaire (PL), l'algorithme des Moindres Carrées Linéaire (MCL) et l'algorithme de Programmation Quadratique (PQ). En pratique, ces méthodes sont limitées car dans la plupart des cas, la fonction objective est non-linéaire. Pour ce faire, plusieurs méthodes d'optimisation non-linéaires ont été proposées telles que : la méthode de Programmation Quadratique Séquentielle (SQP : Sequential Quadratic programming) et les Algorithmes Génétiques (AG) [1].

Dans [61], les auteurs utilisent une trajectoire polynomiale de degré 5 dont les coecients sont calculés à partir d'une approche d'optimisation sous contraintes. Pour l'identification des paramètres dynamiques, la position est filtrée à l'aide d'un filtre passe-bas de type butterworth alors que les vitesses et accélérations sont calculées par l'algorithme de diérence centrée permettant d'éviter une distorsion en phase et en amplitude.

Dans [196], le concept de trajectoire excitante périodique est proposé. Cette trajectoire, basée sur une série de Fourier, présente plusieurs avantages tels que la possibilité de calculer analytiquement les expressions de la vitesse et de l'accélération, nécessaires pour le calcul du régresseur [183].

III.4.3 Identification par la méthode des moindres carrées (MMC)

Le principe de l'identification par la méthode des moindres carrés consiste à échantillonner le modèle dynamique inverse d'un robot le long de la trajectoire excitante. Le modèle est linéaire par rapport aux paramètres de base que l'on peut calculer en utilisant la décomposition QR de la matrice d'observation W [56, 100]. Un bruit blanc additif $\in (0, {}^2)$ est pris en considération dans le modèle dynamique. Ce dernier s'écrit alors sous la forme générale suivante :

$$_b = W_b(q, \dot{q}, \ddot{q})X_b + \qquad \text{(III.25)}$$

où :

- $_b(n.r \times 1)$ représente le vecteur des couples mesurés, r est le nombre d'échantillons et n le nombre d'équations pour chaque échantillon, avec :

$$_b = [\, _{b1}, \, _{b2}, ..., \, _{br}]^T \qquad \text{(III.26)}$$

– $W_b(n.r \times p)$ est la matrice des observations, avec :

$$W_b = [W_{b1}, W_{b2}, ..., W_{br}]^T \qquad \text{(III.27)}$$

– $X_b(p \times 1, p \ll n.r)$ désigne le vecteur des paramètres de base qui peut être estimé au sens des moindres carrées comme suit :

$$\widehat{X}_b = arg_x min\|\|\|^2 = W_b^+ \quad _b \qquad \text{(III.28)}$$

où W_b^+ est la pseudo-inverse de W_b telle que :

$$W_b^+ = (W_b^T W_b)^{-1} W_b^T \qquad \text{(III.29)}$$

– est le vecteur de résidus dû au bruit de mesure et aux erreurs de modélisation. Généralement, ce bruit est supposé être de type bruit blanc, de moyenne nulle et d'écart type . La matrice de variance-covariance C s'écrit sous la forme suivante :

$$C = E(\quad^T) = {}^2 I_{nr} \qquad \text{(III.30)}$$

où E représente l'espérance mathématique et I_{nr} la matrice d'identité de dimension $(n.r \times n.r)$.

L'écart-type relatif est calculé à partir de la relation suivante :

$$^2 = \frac{\|\| _b - W_b X_b\|\|^2}{n.r - P} \qquad \text{(III.31)}$$

La matrice de variance-covariance de l'erreur d'estimation s'écrit :

$$C_X = E[(X_b - \widehat{X}_b)(X_b - \widehat{X}_b)^T] = W_b^+ C (W_b^+)^T = {}^2(W_b^T W_b)^{-1} \qquad \text{(III.32)}$$

L'écart-type du $j^{\text{ème}}$ paramètre s'écrit comme suit :

$$^2_{xj} = C_{Xjj} \qquad \text{(III.33)}$$

L'écart-type relatif $(\%\ _{xjr})$ est calculé comme suit :

$$_{xjr}(\%) = 100.\frac{_{Xj}}{X_j} \qquad \text{(III.34)}$$

L'écart-type relatif permet de vérifier la qualité de l'estimation des paramètres. En général, lorsque les écarts types relatifs de tous les paramètres identifiés sont inférieurs ou égaux à 10%, on peut estimer que tous les paramètres ont été identifiés de manière satisfaisante [59].

Remarques

1. Dans certains cas, la matrice d'observation du système robotique peut ne pas
   être de plein rang pour l'une des deux raisons suivantes :
   - Soit le modèle retenu pour l'identification n'est pas simplifié c-à-d qu'il existe
     des paramètres dynamiques qui n'ont pas un eet majeur sur le système.
     Pour résoudre ce problème, on peut utiliser des méthodes algébriques ou
     numériques pour disposer d'un ensemble de paramètres identifiables ;
   - Soit la trajectoire excitante utilisée pour l'identification des paramètres n'est
     pas susamment riche en fréquences/amplitudes pour exciter tous les para-
     mètres du système. Dans ce cas, la trajectoire excitante doit être recalculée.

2. En général, seules les positions du robot sont connues alors que les vitesses et
   les accélérations sont généralement déduites par le calcul de dérivées tempo-
   relles. En pratique, les signaux obtenus à partir des capteurs disposés sur le
   robot sont bruités. Par conséquent, les données obtenues par dérivations de-
   viennent dicilement exploitables et nécessitent alors un pré-traitement. Ceci
   consiste à utiliser des filtres soit linéaires, soit non-linéaires [169, 163, 162].

III.4.4 Identification des paramètres de l'orthèse

Dans ce paragraphe, nous décrivons la mise en oeuvre de la procédure adoptée
pour l'identification des paramètres dynamiques de l'orthèse (équation III.37) avec
en particulier l'application de la méthode des moindres carrés.

La procédure d'identification, résumée figure III.16, consiste en deux étapes :
dans *la première*, l'orthèse est commandée à l'aide d'un contrôleur de type PD pour
suivre la trajectoire excitante dont nous donnons ci-dessous le détail des calculs. La
position réelle de l'orthèse ainsi que le couple produit sont échantillonnés le long de
la trajectoire excitante à diérents instants t_i. La *deuxième étape*, réalisée hors ligne,
consiste en la mise en oeuvre eective de la méthode d'identification par le modèle
inverse et moindres carrés d'erreur d'entrée. Pour ce faire, la vitesse et l'accélération
angulaires de l'orthèse sont obtenues par dérivations successives de la position. La
concaténation des diérentes mesures permet d'établir le modèle linéaire décrit par

l'équation (III.25) et ainsi de constituer la matrice d'observation W. La méthode des moindres carrées (MMC), présentée dans le paragraphe II est ensuite appliquée.

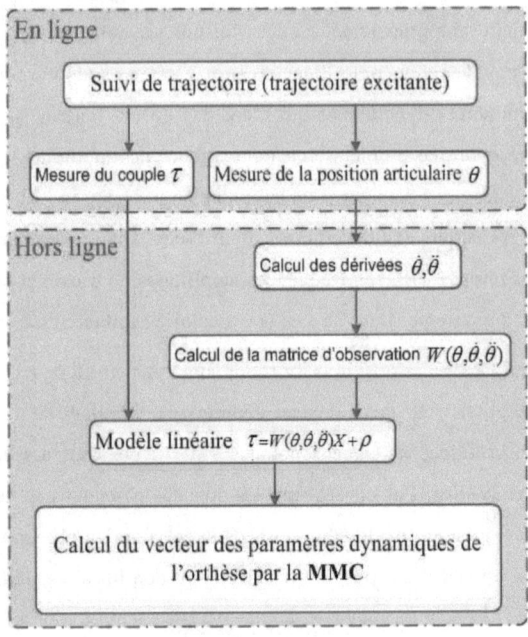

Figure III.16 : Procédure d'identification des paramètres dynamiques de l'orthèse.

Le choix de la trajectoire excitante peut être évalué à partir du conditionnement de la matrice d'observation. Dans [183], les auteurs utilisent une série de Fourier pour calculer une trajectoire excitante riche en fréquences et en amplitudes. Dans ce qui suit, nous allons utiliser cette composition de trajectoire en série de Fourier pour calculer la trajectoire excitante. Cette technique permet aussi de prendre en compte les contraintes, liées aux mouvements de l'orthèse :

$$\begin{cases} 0\ rad \leq \quad \leq 2.35\ rad \\ -2\ rad/s \leq \quad^{.} \leq 2\ rad/s \\ -10\ rad/s^2 \leq \quad^{..} \leq 10\ rad/s^2 \end{cases} \quad \text{(III.35)}$$

La trajectoire excitante peut être écrite sous la forme suivante :

$$_{ex} = \ _0 + \sum_{k=1}^{M} \left(a_k \sin(k w_f t) + b_k \cos(k w_f t) \right) \quad \text{(III.36)}$$

où :

– w_f représente la pulsation propre de la série de Fourier ;

– a_k et b_k représentent respectivement les amplitudes des fonctions *sin* et *cos* ;

– $_0$ représente la valeur initiale de la position $_{ex}$.

Dans le plan sagittal (figure III.17), l'orthèse fonctionnelle est assimilée à un pendule articulé au niveau du point O. Le modèle dynamique de chaque segment de l'orthèse (supérieur/inférieur) est élaboré par rapport au centre de gravité (G_{1i}) de chaque segment ($i = 1$: segment inférieur, $i = 2$: segment supérieur). Compte tenu de la symétrie de l'orthèse, le modèle dynamique du segment supérieur ou inférieur s'écrit sous la même forme suivante :

$$I_{1i}\ddot{} + f_{v_{or}}\dot{} - m_{1i}k_{1i}l_{1i}g\cos() = {}_{or} - f_{s_{or}}sign(\dot{}) \qquad (\text{III.37})$$

où $i \in \{1, 2\}$ représente l'index du segment ($i = 1$ pour le segment supérieur ; $i = 2$ pour le segment inférieur), $m_{1i}k_{1i}l_{1i}g\cos()$ représente le couple gravitationnel du segment supérieur/inférieur de l'orthèse.

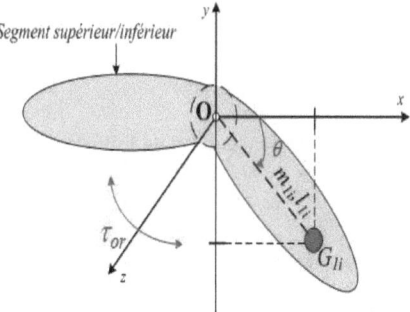

Figure III.17 : Représentation de l'orthèse dans le plan sagittal.

Le schéma bloc de la commande appliquée est donné figure III.18.

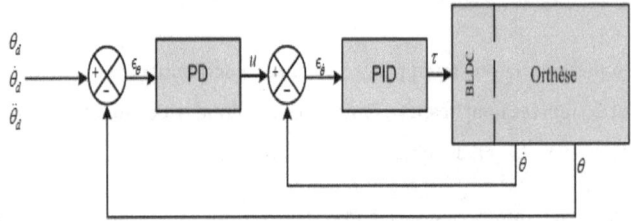

Figure III.18 : Schéma bloc de la commande utilisée pour le suivi de la trajectoire excitante.

La trajectoire excitante utilisée pour l'identification des paramètres de l'orthèse est représentée figure III.19.

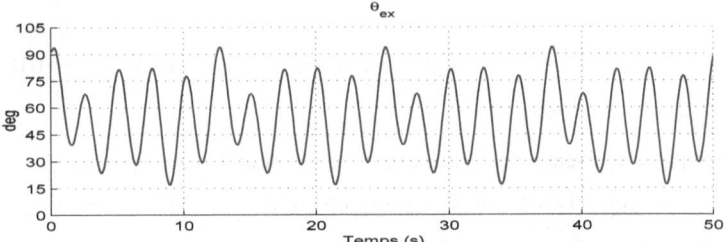

Figure III.19 : Trajectoire excitante.

Les valeurs des paramètres dynamiques obtenus après identification sont regroupés dans le tableau III.1.

Table III.1 : Paramètres dynamiques de l'orthèse après identification

Paramètre	Valeur	Écart type $_{xj}(\%)$
$I_{11}\ (Kgm^2)$	0.012	1.551
$I_{12}\ (Kgm^2)$	0.053	4.461
$f_{v_{or}}\ (Nms/rad)$	0.681	3.328
$f_{s_{or}}\ (Nms/rad)$	0.389	1.766
$m_{11}\ (Kg)$	0.531	0.071
$m_{12}\ (Kg)$	2.604	7.176

Les résultats d'identification sont satisfaisants puisque l'écart type sur la valeur de chaque paramètre est relativement faible (< 10%).

III.4.4.1 Validation des paramètres identifiés

Le modèle obtenu après estimation des paramètres dynamiques nécessite une phase de validation. Dans la littérature, il existe plusieurs techniques de validation dont les plus répandues sont :

– **La validation croisée** : cette méthode consiste à comparer les valeurs des couples mesurées à celles calculées à partir du modèle identifié. La validation est eectuée sur un mouvement diérent de celui utilisé pour l'identification (trajectoire excitante).

– **La validation directe** : Cette méthode consiste à calculer l'erreur de prédiction sur le mouvement utilisé lors de l'identification.

Dans notre étude, le test de validation croisée réalisé pour comparer les valeurs des couples mesurées à ceux calculées à partir du modèle identifié, a conduit à une erreur quadratique moyenne égale à 0.431N.m, ce qui est relativement faible par rapport au couple nominale permettant la flexion/extension du genou. La figure III.20 montre également que le couple estimé à partir du modèle dynamique inverse ($_{es}$) et le couple mesuré ($_m$) sont très proches. Il est à noter que la trajectoire utilisée pour la validation est diérente de celle utilisée pour l'identification paramétrique (trajectoire excitante).

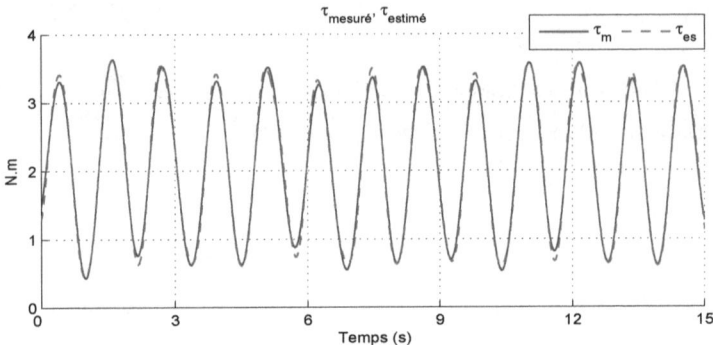

Figure III.20 : Résultats de la validation croisée- Couples mesuré et estimé.

La figure III.21 montre que les positions estimées à partir du modèle dynamique inverse sont très proches de celles mesurées. L'erreur quadratique moyenne est relativement faible et a pour valeur $1.2204°$.

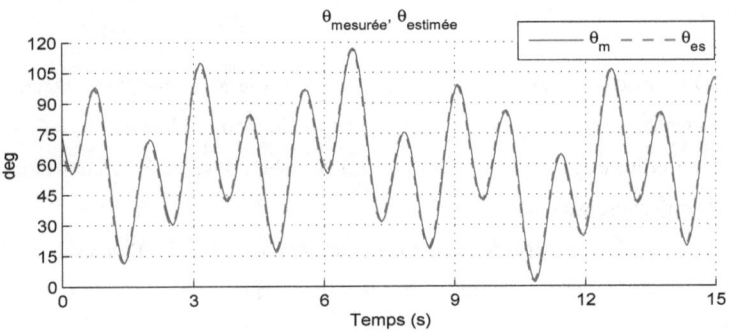

Figure III.21 : Résultats obtenus par la validation directe.

III.4.5   Identification des paramètres anthropométriques

Plusieurs approches ont été proposées pour l'estimation des paramètres antropométriques du corps humain tels que : les masses (M), les longueurs (l), les positions des centres des gravité (CoG) et les propriétés inertielles (I) de chaque segment du corps humain. Les premières approches utilisaient des données cadavériques, dont les plus connus sont celles de W.T. Dempster [36]. Ce dernier a obtenu à partir de la découpe de cadavres, des valeurs moyennes sur les masses, les inerties et les positions des centres de gravité de chaque segment du corps humain. En 1969, C.E. Clauser et son équipe ont réussi, à partir de treize cadavres d'adultes, à obtenir une évaluation plus précise des données anthropométriques [29]. Ce travail a été repris et largement diusé par D.A.Winter en 1990 [207]. D'autres auteurs ont cherché à déterminer des modèles de régression linéaire permettant d'évaluer ces paramètres anthropométriques. V.M. Zatsiorsky est parvenu en 1983 à déterminer les caracté-ristiques d'inertie des diérents segments corporels, en réalisant par radiographie des mesures sur un échantillon constitué d'une centaine d'hommes et d'une quinze de femmes. Il établira par la suite des équations de régressions permettant d'estimer les paramètres anthropométriques en fonction de la masse et de la taille de chaque sujet [217, 218]. En 1995, Paolo de Leva proposa d'ajuster les tables de Zatsiorsky et de valider ses résultats sur de jeunes athlètes [34]. D'autres travaux ont été proposés pour l'estimation des paramètres anthropométriques [26, 157, 156].

Dans ce qui suit, nous donnons les résultats d'estimation des masses, des lon-gueurs et des centres de gravité des deux segments du corps humain (cuisse et jambe-pied) à partir de la taille et du poids du sujet et des équations de régression de Zatsiorsky [217, 218] et de celles de Winter [208].

III.4.5.1 Équations de régression de Zatsiorsky [138, 139]

1. **Masses** du pied et de la jambe :

$$M_{pied}(kg) = -0.82900 + 0.01710 \times poids(kg) + 0.01430 \times taille(cm) \quad \text{(III.38)}$$

$$M_{jambe}(kg) = -1.59200 + 0.01710 \times poids(kg) + 0.01430 \times taille(cm) \quad \text{(III.39)}$$

2. **Centres de gravité** de chaque segment (jambe-pied) :

$$CoG_{pied}(\%) = 3.76700 + 0.00250 \times poids(kg) + 0.02300 \times taille(cm) \quad \text{(III.40)}$$

$$CoG_{jambe}(\%) = -6.05000 + 0.00250 \times poids(kg) + 0.02300 \times taille(cm) \quad \text{(III.41)}$$

III.4.5.2 Équations de Winter [140]

1. **Masses** de la cuisse :

$$M_{cuisse}(kg) = 0.200 \times poids \qquad \text{(III.42)}$$

2. **Longueurs** du segment jambe-pied et de la cuisse :

$$l_{partie-inf}(m) = 0.246 \times taille \qquad \text{(III.43)}$$

$$l_{cuisse}(m) = 0.245 \times taille \qquad \text{(III.44)}$$

3. **Centre de gravité** de la cuisse :

$$CoG_{cuisse}(m) = 0.567 \times l_{cuisse} \qquad \text{(III.45)}$$

4. **Inertie** de la cuisse :

$$I_{cuisse}(K\,gm^2) = M_{partie-inf} \times (l_{cuisse} \times 0.323)^2 \qquad \text{(III.46)}$$

III.4.5.3 Protocole d'expérimentation

Neuf sujets ont accepté de participer volontairement à cette étude. Chaque sujet vérifie les critères de sélection suivants :

1. Absence de déficiences motrices ;

2. Flexion et extension totales du genou ;

3. Absence de spasmes musculaires involontaires au cours de la flexion/extension du genou.

Les neuf sujets ont été clairement informés du déroulement du protocole expérimental et des attentes de cette étude. Toutes les précautions ont été prises pour d'une part, garantir le bon déroulement des expérimentations et la sécurité des sujets, et d'autre part, protéger les données privées de ces sujets en conformité avec la loi d'Helsinki [37].

III.4.5.4 Test du pendule passif

Les paramètres dynamiques de l'articulation du genou (I_1, f_{s_k} et f_{v_k}) sont identifiés à l'aide du test du pendule passif [138, 137]. Pour ce test, le sujet est en position assise, sa jambe est en mouvement libre autour de l'articulation du genou et n'a aucun contact avec le sol. Par ailleurs, il est demandé au sujet de ne produire aucun couple musculaire volontaire au niveau du genou. Dans ces conditions, l'articulation du genou est soumise uniquement au couple de gravité et aux couples résistifs dûs aux frottements sec et visqueux. Le test du pendule passif est eectué plusieurs fois en suivant la procédure suivante : on lâche la jambe du sujet à partir d'un angle donné et on laisse le mouvement naturel s'eectuer jusqu'à la position de repos (90°). La position angulaire du genou est mesurée à l'aide d'un électro-goniomètre placé au niveau de l'articulation du genou (figures III.22-III.23). Un relevé EMG des activités des muscles rectus femoris et biceps femoris est eectué pour s'assurer que le sujet ne développe pas de contractions musculaires volontaires ou des réflexes pendant le test auquel cas la mesure est invalidée. Le modèle dynamique du système dans le cas du test du pendule passif s'écrit :

$$I_1 \ddot{} + f_{v_k} \dot{} + f_{s_k} sign(\dot{}) = m_1 k_1 l_1 g \cos( ) \qquad (III.47)$$

où le terme $m_1 k_1 l_1 g cos( )$ représente le couple gravitationnel de l'ensemble jambe-pied.

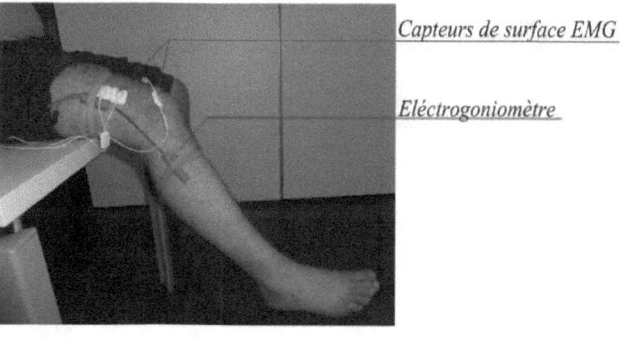

Capteurs de surface EMG

Eléctrogoniomètre

Figure III.22 : Test du pendule passif.

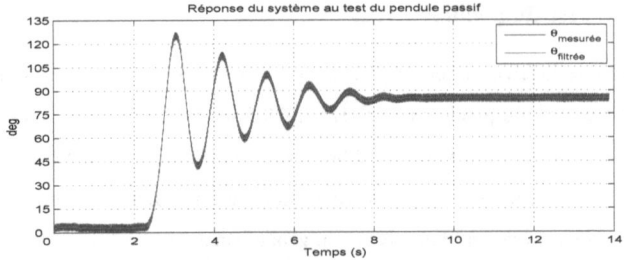

Figure III.23 : Test du pendule passif (Sujet 1)- Réponse du système.

Comme le montre la figure III.24, la position angulaire du genou, mesurée en ligne à l'aide d'un électro-goniomètre, est filtrée en utilisant un filtre passe-bas de Butterworth d'ordre 4 ayant fréquence de coupure de 20Hz. Ce filtre a été choisi en raison de ses propriétés de filtrage. En eet, ce filtre n'introduit pas un temps de retard relativement élevé ou un déphasage entre le signal d'entrée et celui de sortie. La méthode des moindres carrées est également appliquée afin d'identifier les paramètres dynamiques du genou (I_1, f_{s_k} et f_{v_k}).

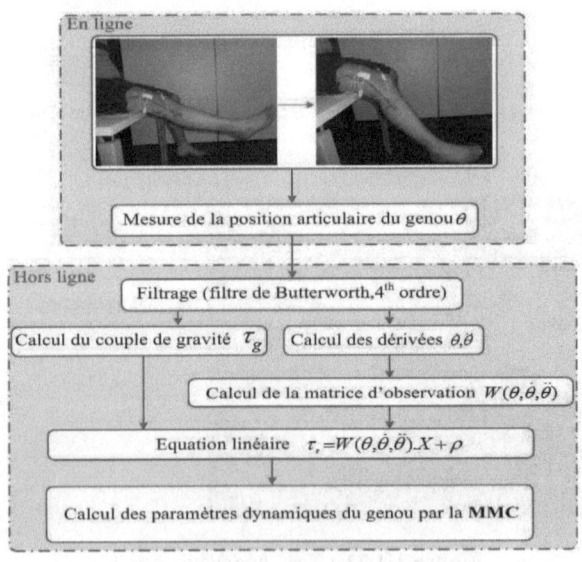

Figure III.24 : Procédure d'identification des paramètres dynamiques du genou.

Le test du pendule passif a été eectué sur plusieurs personnes volontaires dont les caractéristiques sont rassemblées dans le tableau III.4.5.4.

Table III.2 : Caractéristiques des sujets

Sujet	Sexe	Age(ans)	Poids(kg)	Taille(m)
Sujet 1	M	29	75	1.76
Sujet 2	M	30	73	1.64
Sujet 3	M	32	62	1.67
Sujet 4	M	25	76	1.75
Sujet 5	M	25	82	1.78
Sujet 6	F	26	65	1.71
Sujet 7	M	27	79	1.77
Sujet 8	F	25	81	1.68
Sujet 9	F	26	64	1.65

Table III.3 : Masses identifiés à partir des équations de régression de Zatsiorsky et de Winter

Sujet	m_{cuisse} (kg)	m_{jambe} (kg)	m_{pied} (kg)	I_{cuisse} (kgm^2)
Sujet 1	15.0000	3.2526	1.0333	0.2910
Sujet 2	14.6000	3.0350	0.9303	0.2459
Sujet 3	12.4000	2.6731	0.8675	0.2165
Sujet 4	15.2000	3.2767	1.0337	0.2914
Sujet 5	16.4000	3.5302	1.1018	0.3254
Sujet 6	13.0000	2.8301	0.9198	0.2380
Sujet 7	15.8000	3.4095	1.0714	0.3099
Sujet 8	16.2000	3.3730	1.0211	0.2863
Sujet 9	12.8000	2.7213	0.8683	0.2183

Table III.4 : Paramètres identifiés à partir des équations de régression de Zatsiorsky et de Winter

Sujet	CoG_{cuisse}	COG_{jambe}	COG_{pied}	l_{cuisse}	$l_{jambe+pied}$
Sujets	(m)	(m)	(m)	(m)	(m)
Sujet 1	0.2445	0.1864	0.1446	0.4312	0.4330
Sujet 2	0.2278	0.1693	0.1392	0.4018	0.4034
Sujet 3	0.2320	0.1742	0.1331	0.4091	0.4108
Sujet 4	0.2431	0.1850	0.1448	0.4287	0.5305
Sujet 5	0.2473	0.1891	0.1497	0.4361	0.4379
Sujet 6	0.2375	0.1798	0.1364	0.4189	0.4207
Sujet 7	0.2459	0.1878	0.1676	0.4336	0.4354
Sujet 8	0.2334	0.1749	0.1603	0.4116	0.4133
Sujet 9	0.2292	0.1337	0.1525	0.4043	0.4059

Table III.5 : Paramètres identifiés à partir du test du pendule passif

Sujets	I_{11}	I_{11}	f_{s_k}	f_{s_k}	f_{v_k}	f_{v_k}
	(kgm^2)	(%)	(Nms/rad)	(%)	(Nms/rad)	(%)
Sujet 1	0.3360	1.9725	0.6093	3.6730	0.1915	3.7741
Sujet 2	0.2910	0.7774	0.8590	3.1903	0.2468	3.4557
Sujet 3	0.3021	0.7631	0.8536	3.1314	0.2561	3.3919
Sujet 4	0.3999	0.6633	0.8062	2.7218	0.3390	2.9483
Sujet 5	0.4457	0.6283	0.7840	2.5782	0.3778	2.7927
Sujet 6	0.3226	0.7385	0.8437	3.0305	0.2735	3.2826
Sujet 7	0.4026	0.6611	0.8049	2.7127	0.3413	2.9384
Sujet 8	0.2820	0.7899	0.8634	3.2414	0.2390	3.5111
Sujet 9	0.3941	1.4489	0.7343	3.0285	0.4673	0.5329
Moy	0.3529	0.9381	0.7954	3.0342	0.3036	2.9474

III.5 Conclusion

Dans ce chapitre, nous avons développé la modélisation et l'identification paramétrique du système équivalent membre inférieur-orthèse pour le mouvement de flexion/extension du genou. Nous avons exposé la procédure d'identification des paramètres dynamiques de l'orthèse, qui s'appuie sur la méthode des moindres carrés. Les équations de régression de Zatsiorsky et de Winter d'une part, et la méthode du test du pendule passif combinée à la méthode des moindres carrées d'autre part, nous ont permis d'identifier les paramètres anthropométriques et dynamiques du membre inférieur de chaque sujet. Les résultats de l'identification des paramètres dynamiques du système membre inférieur-orthèse sont satisfaisants puisque l'écart-type est inférieur à 8% pour les paramètres de l'orthèse, et à 4% pour les paramètres du membre inférieur.

Chapitre IV

Commande par Modes Glissants & Estimation neuronale de l'intention

IV.1 Introduction

Ce chapitre est consacré à la commande robuste du système membre inférieur-orthèse et à l'estimation de l'intention du sujet. Dans la première partie, nous présentons les concepts de base de la commande par modes glissants et les algorithmes traditionnellement utilisés dans la loi de commande discontinue. Dans la deuxième partie du chapitre, nous procédons à la synthèse de la loi de commande par modes glissants d'ordre deux pour la commande du système et démontrons sa stabilité au sens de Lyapunov. Enfin, dans la dernière partie, nous proposons un modèle neuronal pour l'estimation de l'intention du sujet à partir de la mesure de signaux EMG caractérisant les activités musculaires volontaires au niveau du groupe musculaire quadriceps.

IV.2 Commande par Modes Glissants

La complexité inhérente à la majorité des systèmes dynamiques non-linéaires a fait l'objet de nombreux travaux dans le domaine de l'automatique afin d'améliorer continuellement les performances des lois de commande.

Dans la littérature, on identifie plusieurs approches de commande linéaire et non-linéaire telles que : la commande par retour d'état [172, 5], la commande adaptative [178, 101], les approximateurs universels de type logique floue ou réseaux de neurones [213, 204, 110, 206, 188, 149, 221, 78, 115], etc. Dans de nombreuses applications, il est nécessaire de garantir de bonnes performances aussi bien en termes de précision qu'en termes de robustesse en présence de perturbations externes ou d'incertitudes paramétriques.

Dans la littérature, une commande à structure variable est définie comme une commande dont la structure est dynamique et variant dans le temps [189]. La commande à structure variable par modes glissants ore de bonnes performances en terme de poursuite de trajectoires. Elle est également réputée être une commande robuste vis-à-vis des incertitudes paramétriques, des erreurs de modélisation ainsi que des perturbations externes [178]. La commande par modes glissants est une technique de commande inspirée des travaux des mathématiciens Soviétiques : Fillipov [45, 46, 47], Emelianov[40] et Utkin [190, 189]. A partir des années quatre vingt, ces travaux ont été repris par Slotine [178] pour la commande des systèmes à structure variable donnant par la suite naissance à de nombreux travaux de recherche tels que ceux de : [53, 123, 192, 193, 10]. Le principe de la commande par modes glissants consiste à imposer une dynamique au système de telle sorte qu'il converge vers une certaine surface appelée *surface de glissement*. Cette dernière représente la dynamique désirée du système.

Dans le cadre de l'assistance par orthèses actives, peu de chercheurs ont utilisé cette technique de commande. On peut citer les travaux de Jezernik qui utilise un contrôleur basé sur les modes glissants d'ordre un pour piloter le système de rééducation Lokomat^{TM} [94]. Banala propose, quant à lui, deux contrôleurs pour piloter un système de rééducation du membre inférieur. Le premier est basé sur les modes glissants d'ordre un pour déplacer le membre inférieur du sujet selon une trajectoire désirée. Le second utilise une commande linéarisante qui consiste à mesurer le couple fourni par le sujet puis à appliquer le couple d'assistance complémentaire pour déplacer le membre inférieur selon une trajectoire désirée [8]. Weinberg propose deux stratégies de commande d'une orthèse destinée à la rééducation des personnes sourant de problèmes de raideur du genou. La première commande consiste en un contrôleur PI adaptatif pour le suivi de trajectoires en couple. La deuxième commande, basée sur les modes glissants d'ordre un et un contrôleur PID adaptatif, est utilisée pour le suivi de trajectoires en vitesse [205].

Dans notre étude, le système membre inférieur-orthèse est caractérisé par la présence de non-linéarités, d'incertitudes des paramètres dynamiques comme les inerties, les masses, les frottements secs et visqueux qui varient dans le temps, ou d'autre part sur les paramètres anthropométriques qui varient d'un individu à un autre (cf. chapitre II). Les paramètres de l'orthèse peuvent aussi varier selon l'environnement et l'intensité d'utilisation. Par exemple, la résistance du stator/rotor d'un actionneur électrique dépend de la température ambiante/interne ($R = R_0 + aT + bT^2$ où R_0 représente la valeur de la résistance à la température $T = 0°$, R la résistance à $T°$ et a,b deux constantes). Par ailleurs, la non prise en compte des dynamiques non-modélisées (autres que les frottements, les gravités et les inerties), et l'occurrence de perturbations externes imposent des commandes robustes de type commande par modes glissants.

Le principe de la commande par modes glissants consiste tout d'abord à définir une surface de glissement, puis à synthétiser une loi de commande qui agit en deux phases : la première, permet d'atteindre la surface de glissement depuis n'importe quel point du plan de phase $S\dot{S}$. La deuxième phase permet quant à elle d'assurer le maintien du système sur la surface de glissement ou bien au voisinage de cette surface jusqu'à la convergence vers le point d'origine du plan de phase $S\dot{S}$ (figure IV.1).

IV.2.1 Synthèse d'une loi de commande par modes glissants

La synthèse d'une loi de commande par modes glissants pour un système non-linéaire passe par deux étapes essentielles :

1. Définir une surface de glissement en fonction des objectifs de commande et des propriétés statiques et dynamiques désirées du système en boucle fermée ;

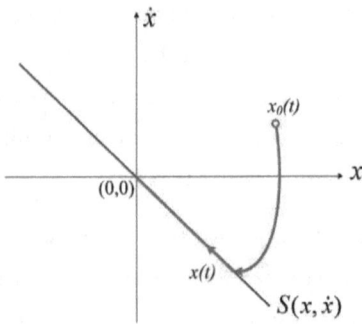

Figure IV.1 : Convergence de la trajectoire du système du point initial $x_0(t)$ vers l'origine du plan de phase $S\dot{S}$.

2. Élaborer la loi de commande par modes glissants de manière à contraindre la trajectoire d'état du système à atteindre et, ensuite, à rester sur cette surface et ce même en présence d'incertitudes ou de variations paramétriques et de perturbations externes.

Un système non-linéaire, supposé observable et commandable, écrit sous la forme générale suivante :

$$\begin{cases} \ddot{x} = f(x, \dot{x}) + g(x, \dot{x})u \\ y = x \end{cases} \tag{IV.1}$$

où $x = [x_1, x_2, ..., x_n]^T \in X$ représente le vecteur d'état du système, X un ensemble ouvert de $\mathbb{R}^n$ et $u \in U \in \mathbb{R}^m$ le vecteur de commandes avec n et m sont deux constantes positives telles que $n > m$. $f(x, \dot{x})$ et $g(x, \dot{x})$ sont deux fonctions continues non-linéaires, supposées connues.

IV.2.1.1 Surface de glissement

La surface de glissement $S(x)$ est composée par la diérence entre les états souhaité et réel du système. La forme de cette surface (linéaires ou non-linéaires) est choisie selon l'application. Seule la contrainte d'attractivité de cette surface est nécessaire.

Soit $S(x)$ une fonction non-linéaire, susamment diérentiable (IV.1) de telle sorte que son annulation permette de satisfaire l'objectif de la commande. La fonction $S(x)$ est appelée *variable de glissement*. L'ensemble $S = \{x \in X : S(x) = 0\}$, appelé *surface de glissement* et représente une sous-variété de X, de dimension $(n - 1)$.

La forme générale de la surface de glissement de Slotine $\left(S(x)\right)$ est définie comme suit [93, 177] :

$$S = \left(\frac{d}{dt} + \right)^{r-1} e \tag{IV.2}$$

où :

- e représente l'erreur entre l'état désiré et l'état réel du système ($e = x_d - x$) ;
- r représente le degré relatif du système. Il est défini comme étant le nombre de fois qu'il faut dériver la surface de glissement $S(x)$ pour faire apparaître explicitement la variable de commande u.

La surface de glissement divise l'espace d'état en deux sous-espaces disjoints S^+ et S^- tels que :

$$\begin{cases} S^- = \{x \in R^n \; \text{ si } \; S(x) < 0\} \\ S^+ = \{x \in R^n \; \text{ si } \; S(x) > 0\} \end{cases} \tag{IV.3}$$

L'état du système x converge vers $S(x) = 0$ avec les vitesses notées f^+ et f^- sous les conditions décrites par le système d'équations diérentielles suivant (figure IV.2) :

$$\begin{cases} \dot{x} = f^-(x, t) \; \text{ si } \; x \in S^- \\ \dot{x} = f^+(x, t) \; \text{ si } \; x \in S^+ \end{cases} \tag{IV.4}$$

Dans ces conditions, la surface $S(x) = 0$ est dite *attractive*. Le glissement de l'état le long de cette surface engendre un mode appelé *régime ou mode de glissement*, représenté figure IV.2 [74].

L'attractivité de la surface de glissement S n'est assurée que dans D_g. Pour contraindre la trajectoire du système à rester dans ce domaine, la commande u doit (figure IV.3) :

$$u = \begin{cases} u^- & \text{si } \; S < 0 \\ u^+ & \text{si } \; S > 0 \\ \in [-u^-, u^+] & \text{si } \; S = 0 \end{cases} \tag{IV.5}$$

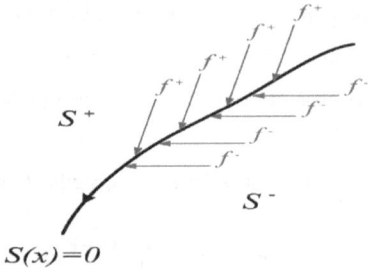

Figure IV.2 : Principe des modes glissants.

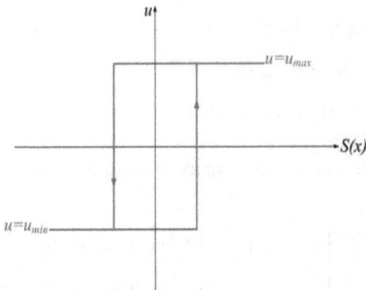

Figure IV.3 : Commutation du signal de commande u.

IV.2.1.2 Conditions d'existence d'un domaine de glissement

Pour qu'un mode glissant puisse exister, il faut qu'en plus de l'attractivité de la surface de glissement, que les vecteurs des vitesses f^+ et f^- soient dirigés vers la surface de commutation. Cependant, et dans certains cas, le glissement ne pourra pas s'eectuer sur n'importe quel point de la surface de glissement car l'attractivité de cette dernière n'est garantie que dans D_g.

Le théorème suivant fournit les conditions d'existence du mode de glissement selon Filippov [48] :

Théorème 1

Soit le système donné par l'équation (IV.1) et satisfaisant la condition suivante :

$$\frac{|\partial f_i|}{|\partial x_j|} \leq K \quad \forall x \in X = S^- \cup S^+, \quad (i, j = 1, ..., n) \tag{IV.6}$$

où : K est une constante et S une fonction deux fois différentiable, telle que chacune des fonctions f_N^+ et f_N^- est continûment différentiable. f_N^+ et f_N^- représentent respectivement les projections de f^+ et f^- sur la normale de la surface $S = 0$.

Si en chaque point de la surface $S = 0$, les inégalités $f_N^+ < 0$ et $f_N^- > 0$ sont vérifiées, alors il existe dans le domaine X une solution unique x dépendant des conditions initiales d'une manière successive.

Le théorème suivant est basé sur l'utilisation des fonctions de Lyapunov. Il fournit les conditions d'existence du mode de glissement selon Utkin [189, 191] :

Théorème 2

Le domaine D_g, de dimension $(n - 1)$, est un domaine de glissement si pour tout $x \in D_g$, il existe une fonction de Lyapunov $V(S, x)$ définie sur un ensemble , continuellement différentiable vis-à-vis de tous ses arguments et satisfaisant les conditions suivantes :

1. La fonction $V(S, x)$ est définie positive par rapport à S, telle que :

$$\begin{cases} V(S, x) = 0 & si \ S = 0 \\ V(S, x) > 0 & si \ S \neq 0 \end{cases} \qquad (IV.7)$$

2. La dérivée de la fonction de Lyapunov V, le long des trajectoires du système, est définie négative pour tout $S(x)$ non nulle.

Remarques :

1. Si f^+ est négative et f^- est positive alors $S\dot{S}$ est inférieur à zéro. Cette condition est appelée : *condition de glissement,*

2. Un régime glissant idéal sur S existe seulement s'il existe un temps fini t_f tel que la solution de IV.1 satisfait la condition suivante :

$$S(x, t) = 0, \quad \forall t \geq t_f \qquad (IV.8)$$

3. Lorsque les trajectoires du système dans le plan des phases évoluent sur une surface de glissement S ; sa dynamique est dite alors *immergée* dans l'état d'un système autonome de dimension $(n - 1)$. Le système, est alors appelé *système*

réduit, et est contraint à une dynamique déterminée par la surface de glissement. Une des conditions nécessaires pour l'établissement d'une commande par modes glissants d'ordre un est que le degré relatif du système doit être égal à un par rapport à la variable de glissement [191, 192]. Rappelons que le degré relatif d'un système correspond au nombre minimum de fois qu'il faut dériver la sortie du système, par rapport au temps, pour faire apparaître la variable de commande u de manière explicite [90].

Afin d'illustrer le domaine de glissement, considérons l'exemple suivant [21] :

$$\begin{cases} \dot{x}_1 = x_2 \\ \dot{x}_2 = -K\,sign(S) \end{cases} \qquad (IV.9)$$

avec :

$$S(x) = x_1 + x_2, \; > \; 0 \; \text{ et } \; x = (x_1, x_2) \in R^2 \qquad (IV.10)$$

où   représente la pente de glissement.

En choisissant comme fonction de Lyapunov $V = \frac{S^2}{2}$, il su t que la dérivée de V par rapport au temps soit négative pour que la surface $S = 0$ soit attractive. Cette condition peut être exprimée comme suit :

$$S\dot{S} < 0 \qquad (IV.11)$$

La dérivée de la surface de glissement (IV.10) peut être écrite sous la forme suivante :

$$\dot{S} = x_2 - K\,sign(S) \qquad (IV.12)$$

et par conséquent :

$$\begin{cases} \text{si } S > 0 \text{ et } \dot{S} < 0 => x_2 < +\frac{K}{} \\ \text{si } S < 0 \text{ et } \dot{S} > 0 => x_2 > -\frac{K}{} \end{cases} \qquad (IV.13)$$

Soient D_a^+ et D_a^- les deux domaines d'attractivité lorsque $S > 0$ et $S < 0$ respectivement :

$$D_a^+ = \{x/S > 0 \text{ et } x_2 < +\frac{K}{}\}$$
$$D_a^- = \{x/S < 0 \text{ et } x_2 < -\frac{K}{}\} \qquad (IV.14)$$

104

Le domaine de glissement (D_g), représenté figure IV.2.1.2, est défini comme suit :

$$D_g = \{x/x \in D_a^+ \cap D_a^-\} \tag{IV.15}$$

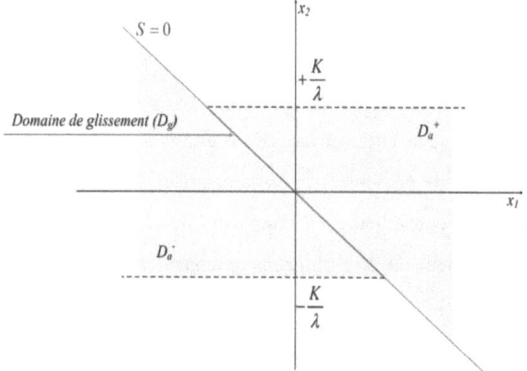

Figure IV.4 : Domaine de glissement D_g.

IV.2.1.3 Dynamique de glissement

Dans la littérature, plusieurs travaux ont été menés pour étudier le mouvement de glissement sur la surface $S(x) = 0$. Ces travaux s'inscrivent dans le cadre de la résolution des équations diérentielles à second membre discontinu [48, 189, 191, 178]. Cependant, lorsque la surface de glissement est atteinte, la théorie des équations diérentielles ordinaires devient non-valide. En eet, dans ce cas, le système ne vérifie plus les conditions classiques d'existence et d'unicité des solutions selon le théorème de Cauchy-Lipshitz en raison de la discontinuité du second membre sur la surface de glissement $S(x) = 0$. Dans la littérature, il existe deux méthodes principales qui sont souvent utilisées pour la détermination du mode de glissement :

1. **La méthode de Filippov** : Filippov s'est intéressé à la détermination du vecteur f_0 pour des systèmes dont la variable de commande n'apparaît pas de manière explicite dans l'expression du champ f. f_0 représente le vecteur vitesse sur la surface de glissement [48].

2. **La méthode de Utkin** : Cette méthode consiste à admettre qu'en mode de glissement, tout se passe comme si le système est piloté par une commande dite commande équivalente u_{eq} [189, 191].

IV.2.1.4 Commande par modes glissants d'ordre un

Il s'agit de synthétiser une loi de commande par modes glissants (u) permettant au système d'atteindre la surface de glissement (S) puis à maintenir la trajectoire du système au voisinage de cette surface. En d'autres termes, cette loi de commande doit rendre la surface de glissement *localement attractive*.

Les propriétés de convergence en temps fini des lois de commande par modes glissants d'ordre un peuvent être obtenues en considérant la fonction de Lyapunov suivante [159] :

$$V(S) = \frac{S^2}{2} \qquad (IV.16)$$

La condition nécessaire et su sante, appelée aussi *condition d'attractivité*, pour qu'une variable de glissement $S(x, t)$ tende vers 0 est donnée comme suit :

$$\dot{V} = S\dot{S} < 0 \qquad (IV.17)$$

Cependant, l'inégalité (IV.17) n'est pas su sante pour garantir une convergence de la trajectoire du système dans le plan de phase en un temps fini car elle ne peut garantir qu'une convergence asymptotique vers la surface de glissement. L'inégalité (IV.17) est donc remplacée par une autre condition appelée *condition de -attractivité*. Cette dernière s'écrit :

$$S\dot{S} \leq - |S|, \quad > 0 \qquad (IV.18)$$

où est une constante strictement positive.

La trajectoire du système dans le plan de phase atteint un voisinage de la surface de glissement de largeur en un temps fini t_f tel que [159] :

$$t_f \leq \frac{S(t = 0)}{} \qquad (IV.19)$$

La commande par modes glissants est composée de deux parties : la première, appelée *partie équivalente* (u_{eq}), représente le fonctionnement du système en basses fréquences ; la seconde, appelée *commande discontinue* (u_{dis}), représente le fonctionnement du système en hautes fréquences. La commande équivalente permet de décrire le comportement du système lorsque ce dernier est restreint au voisinage de la surface de glissement S. Cette commande est calculée à partir des conditions d'invariance de la surface de glissement définies comme suit :

$$\begin{cases} S = 0 \\ \dot{S} = \frac{\partial S}{\partial x}\left(f(x) + g(x)u_{eq}\right) \end{cases} \quad \text{(IV.20)}$$

La commande équivalente peut être calculée selon les conditions d'invariance en utilisant l'expression ci-dessous :

$$u_{eq} = -\left(\frac{\partial S}{\partial x}g(x)\right)^{-1}\frac{\partial S}{\partial x}f(x) \quad \text{(IV.21)}$$

Cependant, la commande u_{eq} (IV.21) seule est insuffisante pour forcer le système à atteindre la surface de glissement. Ainsi, la commande u est la somme de la commande équivalente (u_{eq}) et de la commande discontinue (u_{dis}). La commande discontinue assure un régime glissant et l'insensibilité du système vis-à-vis des incertitudes paramétriques et des perturbations externes [189]. Pour une commande par modes glissants d'ordre un, la partie discontinue s'écrit :

$$u_{dis} = -K\left(\frac{\partial S}{\partial x}g(x)\right)^{-1}sign(S) \quad \text{(IV.22)}$$

Par conséquent, la loi de commande par modes glissants s'écrit de la manière suivante :

$$u = u_{eq} + u_{dis} \quad \text{(IV.23)}$$

où K représente un gain positif, dont la valeur est supérieure à la borne maximale de la perturbation.

La robustesse de loi de commande donnée par l'équation (IV.23) vis-à-vis des incertitudes paramétriques et des perturbations externes a été prouvée dans [189].

Remarques :

1. Un régime glissant sur S d'un système perturbé est indépendant du signal de perturbation $p(x, t)$, si et seulement si, celui-ci est borné et vérifie la condition

de recouvrement (matching condition) suivante [39] :

$$p(x, t) \in \text{Vect}\{g(x)\} \qquad \text{(IV.24)}$$

2. Lors de l'utilisation de la loi de commande basée sur les modes glissants d'ordre un, un phénomène appelé *phénomène de broutement* (chattering en anglais) est observé sur le signal de commande.

IV.2.1.5 Phénomène du broutement (réticence)

Un régime glissant idéal requiert une commande pouvant commuter à une fréquence infinie. Cependant, dans la pratique, seule une commutation à une fréquence finie est possible. Ainsi, durant le régime de glissement, les discontinuités dues à la partie discontinue de la commande peuvent entraîner un phénomène de broutement. Ce phénomène consiste en de fortes variations brusques et rapides du signal de commande pouvant entraîner de fortes oscillations de la trajectoire du système autour de la surface de glissement (figure IV.6-(a)). Ce phénomène est dû principalement à la présence de la fonction *sign* dans le signal de commande [212]. Il ne peut pas être évité par filtrage car il peut exciter les hautes fréquences du système qui n'ont pas été prises en considération lors de la modélisation du système. Les inconvénients majeurs d'un tel phénomène sont : une dégradation importante des performances du système, une instabilité et un endommagement éventuel des actionneurs du système (figureIV.6-(b)).

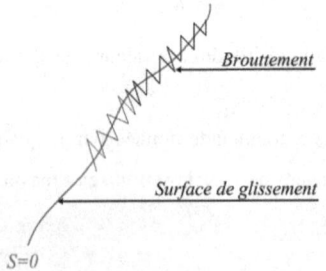

Figure IV.5 : (a) : Phénomène du broutement.

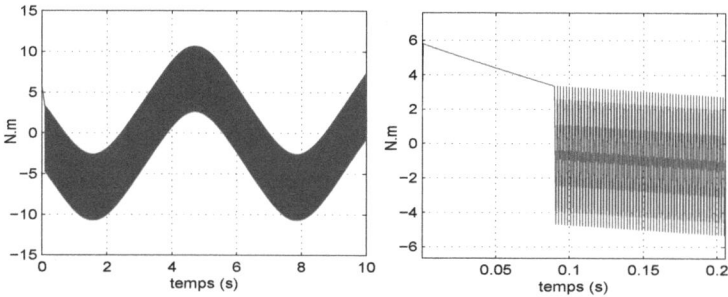

Figure IV.6 : Phénomène du broutement observé sur un signal de commande.

Dans la littérature, plusieurs travaux ont été menés pour éliminer ou limiter l'effet du phénomène de broutement. Dans [178], les auteurs introduisent une bande de transition autour de la surface de glissement S permettant de transformer la fonction *sign* en fonction *sat* (saturation). Néanmoins, une erreur statique subsiste, et un compromis entre la largeur de la bande et les variations de la commande s'impose. Dans [153], un système flou de type Mamdani, ayant la surface de glissement comme entrée et la commande comme sortie, est utilisé pour construire la bande de transition. Le phénomène de broutement est éliminé mais la commande permettant la phase d'approche est dicile à calculer car les bornes des incertitudes et des perturbations sont généralement inconnues. Dans [74], l'auteur propose de faire varier la valeur du gain de glissement à l'aide d'un système flou en le diminuant au fur et à mesure que le système s'approche de la surface de glissement. Dans [177], la fonction *sign* est remplacée par la fonction *sigmoïde* qui représente une approximation continue de type grand gain. Cette technique permet d'atténuer le phénomène de broutement mais sans l'éliminer totalement.

La mise en oeuvre de la commande par modes glissants d'ordre un nécessite la détermination de la constante K de la partie discontinue. Le calcul de cette constante doit être le résultat d'un compromis permettant d'une part, d'assurer la stabilité du système et d'autre part, d'éviter des sollicitations importantes de l'actionneur à travers le signal de commande u. Dans ce cadre, des solutions ont été proposées par [186, 155, 84]. Il s'agit en particulier de remplacer le signal de commutation par un

système adaptatif flou permettant de résoudre le problème du gain K et par conséquent celui du phénomène de broutement. Il faut noter aussi que la convergence
des algorithmes proposés dépend du choix des valeurs initiales. Pour des systèmes
rapides et à grandes variations paramétriques, l'implémentation de l'algorithme proposé devient alors très complexe. La technique par Modes Glissants d'ordre Supérieur peut remédier aux limitations de la commande par modes glissants d'ordre
un énumérées ci-dessus tout en garantissant de bonnes performances en termes de
poursuite de trajectoire et de robustesse vis-à-vis d'incertitudes paramétriques et de
perturbations externes.

IV.2.2   Commande par Modes Glissants d'ordre Supérieur

La commande par modes glissants d'ordre supérieur est apparue au milieu des
années quatre-vingt. Elle est caractérisée par une partie discontinue qui agit non
pas sur la surface de glissement $S(x)$ comme dans le cas de la commande par modes
glissants d'ordre un mais plutôt sur les dérivées d'ordres supérieurs de la variable
de glissement [41].

Un régime glissant d'ordre un est basé sur l'annulation de la surface de glissement tandis qu'un régime glissant d'ordre r agit sur les $(r-1)$ premières dérivées
successives de la variable de glissement S. Cette dernière doit être susamment
diérentiable et ses $(r-1)$ dérivées par rapport au temps ne doivent être fonctions
que de l'état x [123].

Une surface de glissement d'ordre r par rapport à $S(x, t)$ est définie comme suit :

$$S_r = \{x \in X : S = \dot{S} = ... = S^{(r-1)}\} \qquad \text{(IV.25)}$$

S_r est appelé *surface de glissement d'ordre r* où r représente le degré relatif du
système et correspond au nombre de fois qu'il faut dériver la surface de glissement,
par rapport au temps, pour y faire apparaître explicitement la commande u [159].
Le degré relatif est calculé en déterminant les dérivées successives de S :

- pour $r = 1$, $\frac{\partial \dot{S}}{\partial u} \neq 0$,
- Pour $r = 2$, $\frac{\partial S^i}{\partial u} = 0 (i = 1, 2, ..., r-1)$, $\frac{\partial S^r}{\partial u} \neq 0$.

L'avantage d'utiliser la loi de commande basée sur les modes glissants d'ordre deux est de forcer le système à évoluer sur la surface de glissement $S(S, t) = 0$ tout en annulant les $(r - 1)$ premières dérivées de cette surface [123] :

$$S = \dot{S} = \ldots = S^{(r-1)} = 0 \qquad (IV.26)$$

Remarques

1. Un algorithme d'ordre r permet, si la méthode d'intégration est à pas variable majoré par , d'obtenir la précision de convergence suivante [52] :

$$|S| = O(\ ), |\dot{S}| = O(\ ^{(r-1)}), \ldots, |S^{(r-1)}| = O(\ ) \qquad (IV.27)$$

Obtenir une bonne précision de convergence d'un mode glissant nécessite par conséquent le maintien à zéro de la surface de glissement ainsi que ses dérivées d'ordre supérieur.

2. Pour générer un régime glissant asymptotiquement stable sur S_r, il faut contraindre le système à rester sur une surface auxiliaire qui est une simple combinaison linéaire des dérivées de la variable de glissement S jusqu'à l'ordre $r - 1$ (c'est à dire $S^{(r-1)}$) [41, 175].

3. Un des problèmes majeurs des commandes par modes glissants d'ordre r est qu'elles nécessitent la connaissance des $r - 1$ dérivées successives de la surface de glissement (S). Par exemple, pour des modes glissants d'ordre 3, il est nécessaire de calculer la surface de glissements (S) et ses deux dérivés $\dot{S}$ et $\ddot{S}$. Pour les modes glissants d'ordre deux, seule la surface de glissement et sa première dérivée sont nécessaires.

IV.2.3   Commande par Modes Glissants d'ordre deux

Générer un mode glissant d'ordre deux par rapport à S revient à contraindre la trajectoire du système à atteindre, en un temps fini, la surface de glissement ; puis à se maintenir sur l'ensemble de glissement S_2 qui est défini comme suit (figure IV.7) :

$$S_2 = \{x \in X : S = \dot{S} = 0\} \qquad (IV.28)$$

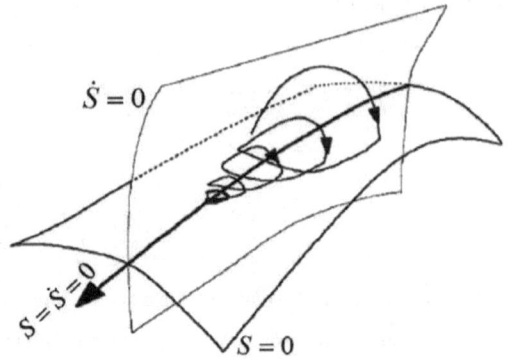

Figure IV.7 : Glissement de la trajectoire du système dans le plan de phase $S\dot{S}$.

La caractéristique principale de cette stratégie de commande est que la partie discontinue du signal de commande apparaît dans la dérivée première de la commande, soit $\dot{u}$ au lieu de la variable u dans le cas de la commande par modes glissants d'ordre un. L'intégration de cette variable permet d'obtenir la variable u tout en limitant considérablement le phénomène de brouttement.

La deuxième dérivée de la variable de glissement s'écrit d'une manière générale comme suit :

$$\ddot{S} = (x, t) + (x, t)v \qquad \text{(IV.29)}$$

où $v = \dot{u}$ si le degré relatif (r) du système est égal à un, et $v = u$ si $r = 2$.

et sont deux fonctions continues, incertaines et bornées telles que, dans un voisinage $S(x, t) < S_0$, les deux conditions suivantes sont vérifiées :

$$\begin{cases} |(x, t)| < C_0, \\ 0 < K_m \leq (x, t) \leq K_M, \end{cases} \qquad \text{(IV.30)}$$

avec : S_0, C_0, K_m, et K_M des gains strictement positifs.

Pour les modes glissants d'ordre deux, il existe plusieurs algorithmes. Dans ce qui suit, nous présentons ceux qui sont les plus utilisés en vue d'étudier leurs faisabilités pour la commande du système membre inférieur-orthèse.

IV.2.3.1   Algorithme du twisting

Cet algorithme, introduit par L.V.Levantovsky en 1985 [123], contraint la trajectoire du système à converger, en temps fini, vers l'origine du plan de phase $S\dot{S}$ en tournant autour de cette origine et en se rapprochant à la manière d'une spirale. L'intérêt de cet algorithme est qu'il ne requiert pas le calcul de la dérivée de la surface de glissement S et prend en compte les contraintes d'ordre pratique telles que l'échantillonnage des mesures. La convergence en temps fini vers l'origine du plan de phase $S, \dot{S}$ (où $S = \dot{S} = 0$) est due à la commutation de la commande entre deux constantes V_m et V_M (figure IV.8). La formulation de algorithme du twisting échantillonné est comme suit [52] :

$$
u_{dis} = \begin{cases} -V_m \, sign(S), & \text{si} \quad S\Delta S \leq 0 \\ -V_M \, sign(S), & \text{si} \quad S\Delta S > 0 \end{cases} \tag{IV.31}
$$

avec :

$$
\Delta S = \begin{cases} 0 & \text{si} \quad k = 0, \\ S(k\,) - S((k_1)\,) & \text{si} \quad k \geq 1 \end{cases} \tag{IV.32}
$$

où   représente la période d'échantillonnage et $k \in \mathbb{N}$.

Pour garantir la convergence vers l'origine du plan de phase, les conditions suffisantes sur les gains V_m et V_M s'écrivent :

$$
\begin{cases} V_M > V_m, \\ V_m > \frac{C_0}{K_m}, \\ V_M > \frac{4K_m}{S_0}, \\ K_m V_M - C_0 > K_M V_m + C_0 \end{cases} \tag{IV.33}
$$

où C_0, K_m et K_M représentent les bornes max et min des fonctions   et   .

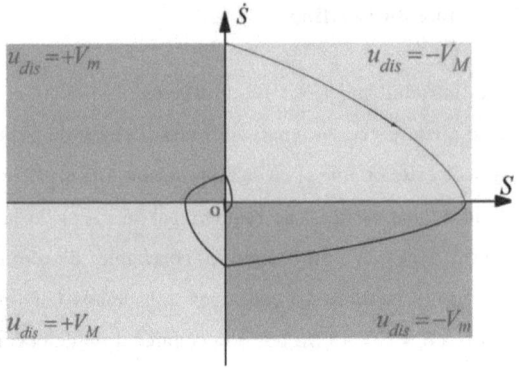

Figure IV.8 : Algorithme du twisting échantillonné : convergence de la trajectoire du système dans le plan de phase.

IV.2.3.2 L'algorithme du sous-optimal généralisé

Cet algorithme a été proposé par Bartolini, Ferrara et Usai [11]. Sa formulation est comme suit :

$$u_{dis} = -V_m \, \text{sign}\left(S - S\,(t_M)\right) \tag{IV.34}$$

$$= \begin{cases} * & \text{if } S(t_M)\left[S - S\,(t_M)\right] < 0 \\ 1 & \text{if } S(t_M)\left[S - S\,(t_M)\right] \geq 0 \end{cases} \tag{IV.35}$$

où :

- V_m est la grandeur de commande minimale,
- $S(t_M)$ représente la dernière valeur singulière de la fonction S ($\dot{S} = 0$) à l'instant t_M,
- * est un facteur de modulation,
- est un coecient appartenant à l'intervalle $[0, 1[$. En général, est égal à 0.5 pour l'algorithme du sub-optimal classique et à 0.9 dans le cas de l'algorithme du sous-optimal généralisé [18].

Les conditions su santes pour une convergence en temps fini vers l'origine du plan de phase $S\dot{S}$ sont données comme suit :

$$\begin{cases} V_M > \overline{K_m} \\ * \in [1, +\infty[\cap \left[\frac{2+(1 - [K_m V_M}{(1+)K_m V_M}, +\infty\right[\end{cases} \qquad (IV.36)$$

La trajectoire du système commence d'un point initial puis converge vers l'origine du plan de phase $(S\dot{S})$ selon deux cas :

1. *Le premier cas*, lorsque la surface de glissement à l'instant t_M est négative ; t_M représente l'instant où $\dot{S} = 0$. Dans ce cas et à chaque fois que $\dot{S} = 0$, la trajectoire du système converge vers l'origine du plan de phase en formant une spirale (figure IV.9-(a)).

2. *Le deuxième cas*, lorsque la surface de glissement à l'instant t_M est positive. Dans ce cas, la trajectoire du système converge vers l'origine du plan de phase en rebondissant sur l'axe S du plan de phase $S\dot{S}$ (figure IV.9-(b)).

Notons que l'algorithme du sous-optimal peut se ramener à l'algorithme du twisting échantillonné sous les conditions suivantes :

$$\begin{cases} = 0 \\ U = V_m \\ * = \frac{V_M}{V_m} \end{cases} \qquad (IV.37)$$

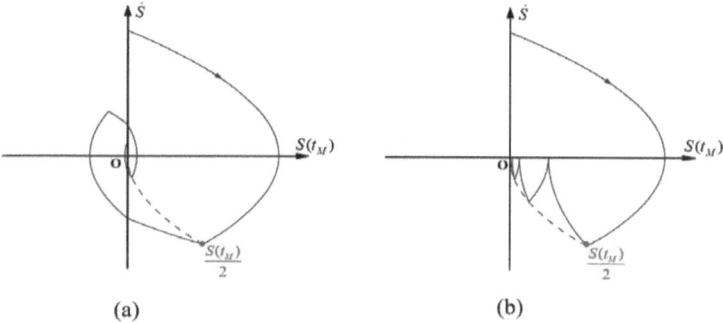

(a)   (b)

Figure IV.9 : Algorithme du sous-optimal : convergence de la trajectoire du système dans le plan de phase.

IV.2.3.3 Algorithme du super-twisting

Cet algorithme a été introduit par L.V.Levantovsky en 1993 [123]. Sa convergence est régie par les rotations autour de l'origine du plan de phase (IV.10). Cet algorithme a été introduit pour les systèmes de degré relatif égal à un ($r = 1$). La loi de commande est composée de deux termes continus qui ne dépendent pas de la dérivée de la variable de glissement S. La discontinuité n'intervient donc que sur la première dérivée de l'entrée de commande u, ce qui permet de limiter considérablement le phénomène de broutement [12]. La loi de commande s'écrit comme suit :

$$u_{dis} = u_1 + u_2 \tag{IV.38}$$

avec :

$$\begin{cases} \dot{u}_1 = -sign\ (S), \\ u_2 = -\ |S|^{\frac{1}{2}} sign(S) \end{cases} \tag{IV.39}$$

Les conditions su santes de conv ergence en temps fini sur l'ensemble de glissement s'écrivent [52] :

$$\begin{cases} > \frac{C_0}{K_m}, \\ > 0, \\ 2 \geq \frac{4C_0(K_M + C_0)}{K_m^2 (K_m + C_0)} \end{cases} \tag{IV.40}$$

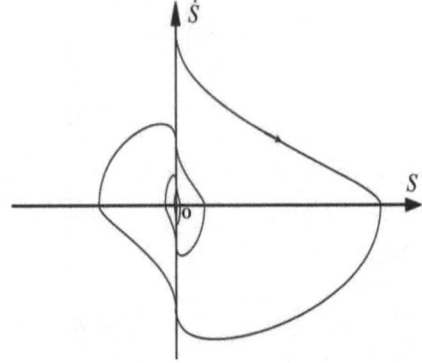

Figure IV.10 : Algorithme du Super-twisting : convergence de la trajectoire du système dans le plan de phase.

116

L'algorithme du Super-twisting présente un grand avantage puisqu'il ne nécessite pas le calculer de la dérivée de la surface de glissement S.

IV.2.3.4 L'algorithme Drift

Le principe de cet algorithme est proche de celui du twisting. La trajectoire du système converge vers l'ensemble de glissement du deuxième ordre tout en respectant la contrainte $\dot{S} = 0$. L'idée consiste à orienter la trajectoire du système en direction de $S = 0$ tout en gardant $\dot{S}$ relativement faible. L'algorithme est exprimée par la loi de commande suivante [42] :

$$u_{dis} = \begin{cases} -u_m \operatorname{sign}(\Delta S_i) & \text{if } S\dot{S} \leq 0 \\ -u_M \operatorname{sign}(\Delta S_i) & \text{if } S\dot{S} > 0 \end{cases} \qquad (IV.41)$$

où u_m et u_M sont des constantes positives telles que :

$$\begin{cases} u_m < u_M \\ \dfrac{u_M}{u_m} \gg 1 \\ \Delta(S_i) = S(t_i) - S(t_i - \ ), t \in [t_i, t_{i+1}) \end{cases} \qquad (IV.42)$$

La convergence de cet algorithme vers l'origine du plan de phase est illustrée figure IV.11.

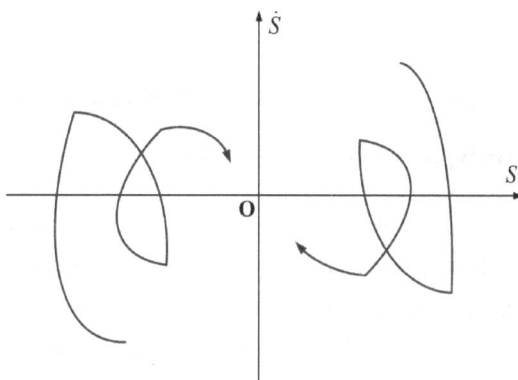

Figure IV.11 : Algorithme Drift : convergence de la trajectoire du système dans le plan de phase.

IV.2.3.5 Algorithme de convergence avec la loi de convergence prescrite

Dans cet algorithme, la commutation du signal de commande dépend d'une fonction lisse et continue : $g(S) = -\ _g|S| \ \text{sign}(S)$, avec : $\ _g > 0$, $0.5 \leq \ < 1$. L'algorithme de convergence avec la loi de convergence prescrite, s'écrit comme suit [123] :

$$u_{dis} = -V_M \, \text{sign}\left(\dot{S} - g(S)\right) \qquad \text{(IV.43)}$$

où V_M est une constante positive.

La convergence de cet algorithme vers l'origine du plan de phase est illustrée figure IV.12.

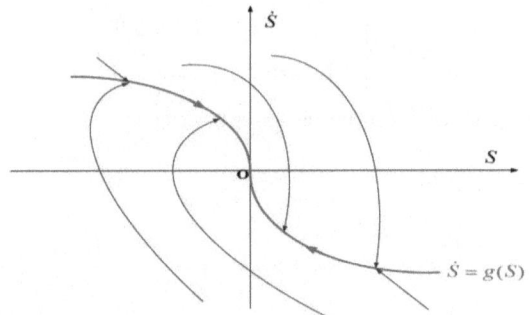

Figure IV.12 : Algorithme de convergence avec la loi prescrite : convergence de la trajectoire du système dans le plan de phase.

IV.3 Commande par modes glissants du système membre inférieur-orthèse

Dans ce qui suit, nous présentons la synthèse de la loi de commande par modes glissants d'ordre deux pour la commande du système membre inférieur-orthèse. La stratégie de contrôle développée permettra de prendre en considération les non-linéarités ainsi que les incertitudes résultant de la dynamique du système membre inférieur-orthèse. Elle doit aussi garantir un bon suivi de la trajectoire de référence. Cette dernière peut être soit imposée par le médecin rééducateur ou par le sujet lui même.

IV.3.1 Synthèse de la loi de commande

Comme évoqué précédemment, la loi de commande est composée de deux partie : une partie équivalente calculée à partir du modèle dynamique du système équivalent membre inférieur-orthèse (cf. Chapitre II) ; une partie discontinue pour laquelle nous appliquons les algorithmes étudiés précédemment. L'objectif de cette partie est d'étudier la faisabilité de ces algorithmes et de comparer leurs performances en termes de précision et de robustesse.

Nous définissons tout d'abord une surface de glissement qui a pour expression :

$$S = \lambda e + \dot{e} = \lambda(\theta_d - \theta) + (\dot{\theta}_d - \dot{\theta}) \tag{IV.44}$$

où :

- $\lambda \in \mathbb{R}^+$ est une constante positive représentant la pente de glissement. En pratique, pour assurer l'attractivité ainsi que le maintien de la trajectoire du système sur la surface de glissement, une valeur relativement élevée est assignée à λ.

- $e = \theta_d - \theta$ représente l'erreur de poursuite en position,

- $\dot{e} = \dot{\theta}_d - \dot{\theta}$ représente l'erreur de poursuite en vitesse.

La première dérivée temporelle de la surface de glissement (IV.44) s'écrit :

$$\dot{S} = \lambda \dot{e} + \ddot{e} = \lambda(\dot{\theta}_d - \dot{\theta}) + (\ddot{\theta}_d - \ddot{\theta}) \tag{IV.45}$$

où $\ddot{e}$ représente l'erreur de poursuite en accélération.

A partir de l'équation (III.20), l'accélération angulaire $\ddot{\theta}$ de l'articulation du genou peut être exprimée par la relation suivante :

$$\ddot{\theta} = \frac{1}{(I_1 + I_{11})}\Big(-(f_{v_k} + f_{v_{or}})\dot{\theta} + (m_1 k_1 l_1 + m_{11} k_{11} l_{11})g\cos(\theta) + \Gamma_{or} + \Gamma_k -$$
$$(f_{s_k} + f_{s_{or}})sign(\dot{\theta})\Big) \tag{IV.46}$$

En remplaçant (IV.46) dans (IV.45), nous pouvons en déduire l'expression de $\dot{S}$:

$$\dot{S} = \lambda \dot{e} + \ddot{\theta}_d - \ddot{\theta} = \frac{1}{(I_1 + I_{11})}\Big(-(f_{v_k} + f_{v_{or}})\dot{\theta} + (m_1 k_1 l_1 + m_{11} k_{11} l_{11})g\cos(\theta) + \Gamma_{or} + \Gamma_k$$
$$-(f_{s_k} + f_{s_{or}})sign(\dot{\theta})\Big) \tag{IV.47}$$

La deuxième dérivée temporelle de S peut être représentée sous la forme générale suivante :

$$\ddot{S} = (x, t) + (x, t)v \qquad \text{(IV.48)}$$

où $v = \dot{}_{or}$, avec $_{or}$ le couple d'assistance appliqué par l'orthèse sur l'articulation du genou.

La commande par modes glissants d'ordre deux du système membre inférieur-orthèse pour des mouvements flexion/extension avec le sujet en position assise s'écrit :

$$_{or} = u_{eq} - (I_1 + I_{11})u_{dis} \qquad \text{(IV.49)}$$

où :

– u_{eq} représente la partie équivalente de la commande du système, qui s'exprime comme suit :

$$u_{eq} = (I_1 + I_{11})\ddot{}_d + (I_1 + I_{11})\dot{}_d - \left((I_1 + I_{11}) + f_{v_k} + f_{v_{or}}\right)\dot{} - (m_1 k_1 l_1$$
$$+ m_{11} k_{11} l_{11})g\cos(\,) + (f_{s_k} + f_{s_{or}})sign(\dot{}) - _k \qquad \text{(IV.50)}$$

– u_{dis} représente la partie discontinue de la commande du système.

Le schéma bloc de la commande par modes glissants d'ordre deux proposée est illustrée figure IV.3.1.

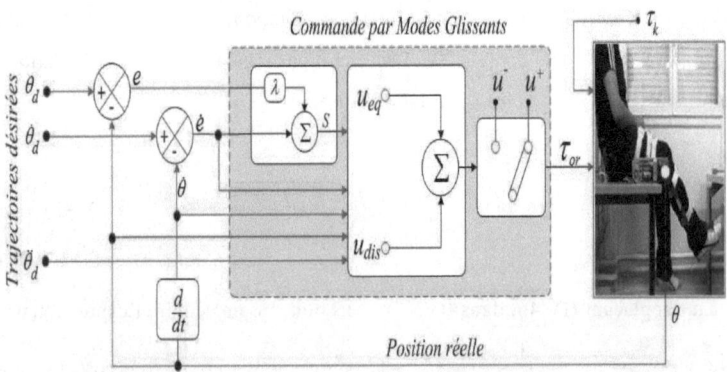

Figure IV.13 : Schéma bloc de la commande par modes glissants d'ordre deux.

La trajectoire de référence utilisée dans notre étude pour le suivi de trajectoire représente un cycle de marche (figure IV.14). La durée totale de la trajectoire est de 25s. Le long de cette trajectoire, deux mouvements de flexion/extension se produisent. Les amplitudes de ces deux mouvements sont respectivement de 20° et 75°).

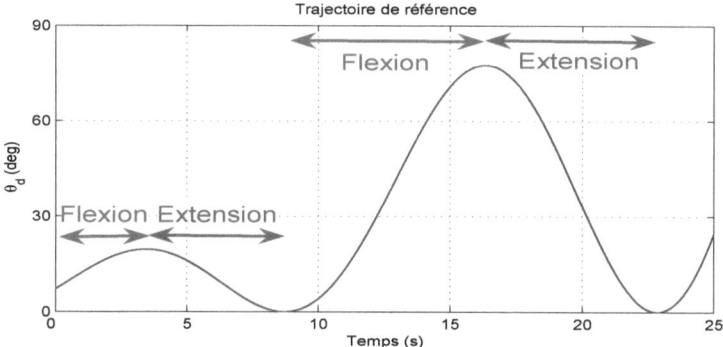

Figure IV.14 : Trajectoire de référence correspondant à un cycle de marche.

IV.3.2 Étude de stabilité

Concernant l'étude de stabilité du système membre inférieur-orthèse, nous considérons ici le cas de l'algorithme du Super-twisting compte tenu de ses performances (cf. chapitre IV). Cette étude peut être généralisée pour les autres algorithmes.

Pour ce faire, nous choisissons la fonction de Lyapunov candidate suivante :

$$V = |S| \qquad (IV.51)$$

où S représente la surface de glissement, définie comme suit :

$$S = e + \dot{e} \qquad (IV.52)$$

avec e et $\dot{e}$: respectivement les erreurs de poursuite en position et en vitesse du système membre inférieur orthèse, et $\in \Re^{+}$.

1. V est *semi-définie positive* car :
   - si $S < 0, sign(S) = -1 => V = S\,sign(S) > 0$
   - si $S = 0, sign(S) = 0 => V = S\,sign(S) = 0$

121

– si $S > 0, sign(S) = +1 => V = S\,sign(S) > 0$

donc, $\forall S,\ V \geq 0$.

2. La deuxième étape consiste à démontrer que $\dot{V}$ est *semi-définie négative*

La première dérive temporelle de V s'écrit :

$$\dot{V} = \dot{S}\,sign(S) = (\ddot{e} + \dot{e})sign(S) = \left(\ddot{\theta}_d + \dot{\theta}_d - \dot{\theta} - \ddot{\theta} \right)sign(S) \quad \text{(IV.53)}$$

Le modèle dynamique du système membre inférieur-orthèse est comme suit (équation III.20) :

$$(I_1 + I_{11})\,\ddot{\theta} + (f_{v_k} + f_{v_{or}})\,\dot{\theta} - (m_1 k_1 l_1 + m_{11}k_{11}l_{11})g\cos(\theta) = \tau_{or} + \tau_k$$
$$- (f_{s_k} + f_{s_{or}})sign(\dot{\theta}) \quad \text{(IV.54)}$$

En utilisant (IV.54), la deuxième dérivée de θ s'écrit :

$$\ddot{\theta} = \frac{1}{I_1 + I_{11}}\Bigg(-(f_{v_k} + f_{v_{or}})\,\dot{\theta} + (m_1 k_1 l_1 + m_{11}k_{11}l_{11})g\cos(\theta) + \tau_{or} + \tau_k$$
$$- (f_{s_k} + f_{s_{or}})sign(\dot{\theta}) \Bigg) \quad \text{(IV.55)}$$

En remplaçant (IV.55) dans (IV.53), $\dot{V}$ peut s'écrire sous la forme suivante :

$$\dot{V} = \Bigg(\ddot{\theta}_d + \dot{\theta}_d - \dot{\theta} - \frac{1}{I_1 + I_{11}}\Big(-(f_{v_k} + f_{v_{or}})\,\dot{\theta} + (m_1 k_1 l_1 + m_{11}k_{11}l_{11})$$
$$g\cos(\theta) + \tau_{or} + \tau_k - (f_{s_k} + f_{s_{or}})sign(\dot{\theta})\Big)\Bigg)sign(S) \quad \text{(IV.56)}$$

En utilisant (IV.49), on a :

$$\tau_{or} = u_{eq} - (I_1 + I_{11})u_{dis} \quad \text{(IV.57)}$$

où : La *partie équivalente* du contrôleur s'écrit :

$$u_{eq} = (I_1 + I_{11})\,\ddot{\theta}_d + (I_1 + I_{11})\,\dot{\theta}_d - \Big((I_1 + I_{11}) + f_{v_k} + f_{v_{or}}\Big)\dot{\theta}$$
$$- (m_1 k_1 l_1 + m_{11}k_{11}l_{11})g\cos(\theta) + (f_{s_k} + f_{s_{or}})sign(\dot{\theta}) - \tau_k \quad \text{(IV.58)}$$

La *partie discontinue* du contrôleur (algorithme du Super-twisting) a pour expression :

$$u_{dis} = u_1 + u_2 \quad \text{(IV.59)}$$

avec :

$$\begin{cases} \dot{u}_1 = -sign(S\ ), \\ u_2 = -\ |S|^{\frac{1}{2}} sign(S) \end{cases} \quad \text{(IV.60)}$$

En remplaçant (IV.58) et (IV.59) dans (IV.49), l'expression de $_{or}$ s'écrit :

$$_{or} = (I_1 + I_{11})\ddot{}_d + (I_{\ 1} + I_{11})\dot{}_d - \left((I_1 + I_{11}) + f_{v_k} + f_{v_{or}} \right)\dot{} - (m_1 k_1 l_1$$

$$+ m_{11} k_{11} l_{11}) g\cos(\ ) + (f_{s_k} + f_{s_{or}}) sign(\dot{}) - {}_k - (I_1 + I_{11})\left(- \sqrt{|S|} sign(S) \right.$$

$$\left. - \int_0^t sign(S)dt \right) sign(S) \quad \text{(IV.61)}$$

En remplaçant (IV.61) dans (IV.55), on a :

$$\ddot{} = \frac{1}{I_{11} + I_{12}}\left(-(f_{v_k} + f_{v_{or}})\dot{} + (m_1 k_1 l_1 + m_{11} k_{11} l_{11}) g\cos(\ ) + (I_1 + I_{11})\ddot{}_d \right.$$

$$+ (I_{\ 1} + I_{11})\dot{}_d - ((I_{\ 1} + I_{11}) + f_{v_k} + f_{v_{or}})\dot{} - (m_1 k_1 l_1 + m_{11} k_{11} l_{11}) g\cos(\ )$$

$$+ (f_{s_k} + f_{s_{or}}) sign(\dot{}) - {}_k$$

$$\left. -(I_1 + I_{11})(- \sqrt{|S|} sign(S) - \int_0^t sign(S)dt) sign(S) + {}_k - (f_{s_k} + f_{s_{or}}) sign(\dot{}) \right)$$

$$\text{(IV.62)}$$

La première dérivée de V peut, alors, être écrite comme suit :

$$\dot{V} = \left(- \sqrt{|S|} sign(S) - \int_0^t sign(S)dt \right) sign(S) \quad \text{(IV.63)}$$

Comme :

(a) le terme $- \sqrt{|S|} sign(S) sign(S)$ est *négatif* car : $\ \geq 0, |S| \geq 0, \sqrt{|S|} \geq$ 0.

Puisque la fonction *sign* est constante par morceaux : $sign(S) sign(S) =$ $+1, \forall S$,

(b) $- \int_0^t sign(S)dt sign(S) = -sign\ (S)\int_0^t dt sign(S) = - \int_0^t dt = -t\ \leq$ 0.

Alors $\dot{V}$ est *semi-définie négative* .

Comme $V \geq 0$ et $\dot{V} \leq 0$, le système est *asymptotiquement stable*.

IV.4 Estimation de l'intention du sujet - Problématique et motivation

Dans ce paragraphe, nous présentons un modèle pour l'estimation de l'intention du sujet à partir de la mesure de signaux EMG caractérisant les activités musculaires volontaires au niveau du groupe musculaire quadriceps.

Dans la littérature, le modèle de Hill IV.15 est le modèle le plus couramment utilisé pour l'estimation de l'eort musculo-squelettique développé par un sujet. Plusieurs variantes de ce modèle permettent d'estimer les forces musculo-tendineuses ainsi que le couple articulaire correspondant au mouvement à eectuer. Comme expliqué dans le chapitre II, l'estimation de la force musculo-tendineuse est fonction des relations force-longueur et force-vitesse et des propriétés du muscle. Plusieurs paramètres du modèle de Hill sont non mesurables et physiquement non identifiables (e.g. longueur du muscle, force de contraction du muscle, etc.). D'autres paramètres comme le signal d'activité musculaire nécessitent une procédure de calibrage souvent longue et complexe. En général, les valeurs de ces paramètres sont estimées empiriquement ou dans la plupart des cas extraites de la littérature comme par exemple la force maximale F_{max} que peut générer un muscle donné. Par ailleurs, la non-linéarité, l'hystérésis des fonctions force-longueur et force-vitesse ainsi que la variation des paramètres du modèle musculaire due par exemple à la fatigue rendent dicile l'estimation de la force réelle, développée par le muscle. L'estimation de la position articulaire à partir de la dynamique inverse et du modèle de Hill est peu fiable en raison des incertitudes paramétriques des modèles utilisés. Dans notre étude et afin de remédier aux problèmes cités ci-dessus, nous proposons un modèle neuronal de type RN-PMC (Réseaux de Neurones- Perceptron Multi-Couches) pour estimer l'intention du sujet eectuant des mouvements de flexion/extension du genou, à partir des mesures des signaux EMG correspondant aux activités du groupe musculaire quadriceps (figure IV.16).

Figure IV.15 : Estimation de l'intention de la personne à partir du modèle de Hill.

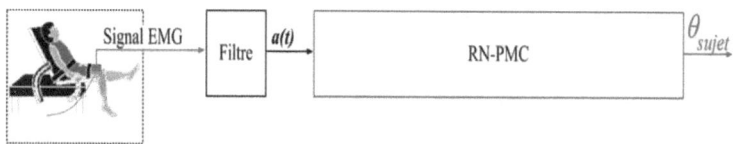

Figure IV.16 : Estimation de l'intention de la personne à partir du modèle RN-PMC.

IV.4.1 Les réseaux de neurones

Les premiers travaux sur les réseaux de neurones (RN) ont été menés par W. James en 1890 qui a introduit le concept de mémoire associative et proposé une loi d'apprentissage des réseaux de neurones devenue par la suite la loi de Hebb [91]. En 1943, W.Mc. Culloch et W. Pitts établissent un modèle simplifié d'un neurone biologique communément appelé *neurone formel* permettant de montrer que des réseaux de neurones simples peuvent réaliser des fonctions logiques, arithmétiques et symboliques [122, 135]. En 1949, D. Hebb propose, dans son ouvrage "The Organization of Behavior", une règle simple connue sous le nom de *règle de Hebb* permettant de modifier la valeur des poids synaptiques en fonction de l'activité des unités qui les relient [79]. En 1958, F. Rosenblatt, propose le modèle du perceptron à la base du premier système artificiel capable d'apprendre par expérience. Dans la même période, B. Widrow propose le modèle ADALINE (ADAptive LINar Element) dont la structure est proche de celle du perceptron, mais dière de ce dernier par la loi d'apprentissage. Cette dernière est à la base de l'algorithme de rétropropagation du gradient utilisé avec les perceptrons multi-couches. En 1972, T. Kohonen présente ses travaux sur les mémoires associatives et propose des applications pour la reconnaissance de formes [107, 108]. En 1982, J.J. Hopfield introduit un nouveau modèle de réseaux de neurones (complètement récurrent). Cette étude a donné lieu par la suite à d'autres travaux sur les réseaux de neurones [86, 83, 78].

IV.4.1.1 Réseau de neurones artificiel

Un réseau de neurones artificiel, inspiré par le système nerveux biologique, est composé d'éléments simples appelés neurones. Il est constitué d'une couche d'entrée, d'une ou plusieurs couches cachées et d'une couche de sortie. En général, chaque neurone d'une couche est connecté à tous les neurones de la couche suivante et il ne peut y avoir de connexions entre neurones de la même couche (figure IV.18). Le fonctionnement d'un réseau de neurones est influencé par les connexions entre ses neurones où chaque neurone est alimenté par un ensemble de variables d'entrée en provenance des neurones de la couche amont. A chacune des entrées du neurone est associé un poids synaptique (W) qui représente la force de connexion avec un neurone amont, et un biais (b). Un réseau de neurones peut être entraîné à une tâche spécifique en ajustant les valeurs des poids entre les neurones (figure IV.17). Son apprentissage (entraînement) est basé sur le principe qu'à chaque entrée particulière correspond une sortie spécifique. Par conséquent, une connaissance, a priori des entrées/sorties du réseau de neurones est nécessaire pour son apprentissage. Un réseau de neurones peut être alors entraîné à eectuer une tâche particulière par ajustement de ses poids et de ses biais. Deux méthodes peuvent être utilisées pour l'apprentissage : la première, appelée *apprentissage par paquet* "batch training", consiste à ajuster les poids ainsi que les biais en présentant les vecteurs d'entrées/sorties en parallèle. La deuxième, appelée *apprentissage pas à pas/séquentiel* "incremental training", consiste à ajuster les poids et les biais du réseau de neurones en présentant les composantes des vecteurs d'entrées/sorties les unes après les autres. En général, une fonction de coût (J) est calculée afin de mesurer l'écart entre le modèle et les observations.

Un réseau de neurones artificiel est composé d'entrées qui peuvent avoir les valeurs suivantes :

– Binaires (0,1),

– Bipolaire (-1,1),

– Réelles.

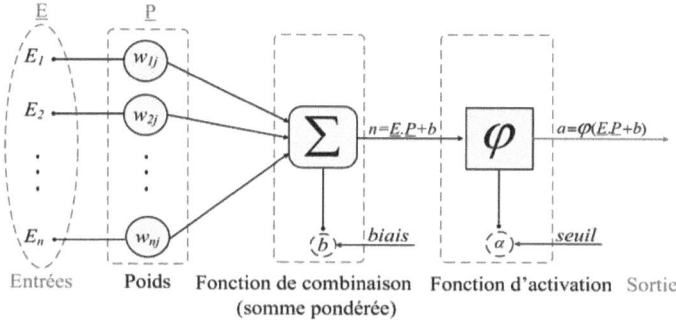

Entrées   Poids   Fonction de combinaison   Fonction d'activation   Sortie
(somme pondérée)

Figure IV.17 : Constitution d'un réseau de neurones artificiels.

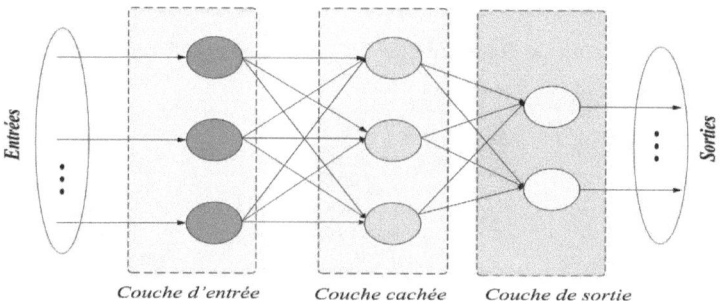

Couche d'entrée   *Couche cachée*   *Couche de sortie*

Figure IV.18 : Vue simplifiée d'un réseau de neurones artificiel avec une couche d'entrée, une couche cachée et une couche de sortie.

Un réseau de neurones comprend aussi deux fonctions essentielles :

1. **Fonction de combinaison** :

   Cette fonction permet de déterminer la somme pondérée des valeurs des entrées. Pour les réseaux de type perceptron multi-couches, cette fonction renvoie le produit scalaire entre le vecteur d'entrée et le vecteur des poids synaptiques.

2. **Fonction d'activation** :

   Appelée aussi fonction de seuillage ou fonction de transfert, cette fonction sert à introduire une non-linéarité dans le fonctionnement du neurone. Les fonctions d'activation couramment utilisées sont :

(a) **La fonction sigmoïde** : Cette fonction est définie comme suit :

$$(x) = \frac{1}{1 + e^{-x}} \qquad (\text{IV.64})$$

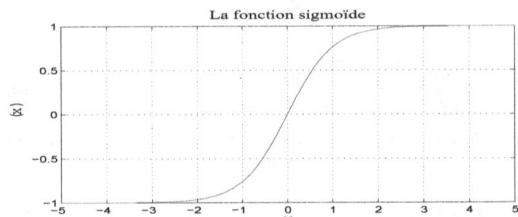

Figure IV.19 : Fonction de transfert de type sigmoïde.

(b) **La fonction de Heaviside** : cette fonction est définie comme suit :

$$(x) = \begin{cases} 0 & \text{si } x \leq 0 \\ 1 & \text{si } x \geq 0 \end{cases} \qquad (\text{IV.65})$$

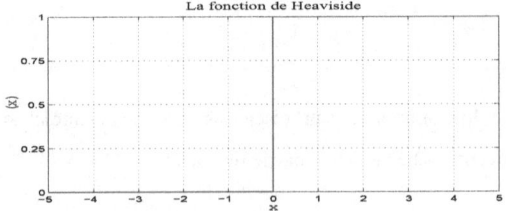

Figure IV.20 : La fonction de Heaviside.

(c) **La fonction unitaire** : cette fonction s'exprime comme suit :

$$(x) = x \qquad (\text{IV.66})$$

La fonction de sortie calcule quant à elle la sortie du neurone en fonction de son état d'activation. En général, cette fonction produit en sortie un signal de type : binaire (0, 1), bipolaire (-1, 1) ou réel.

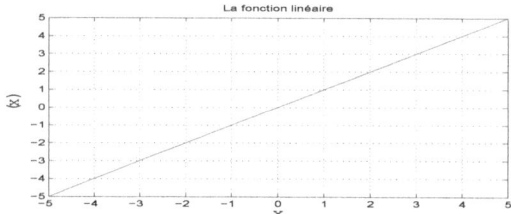

Figure IV.21 : Fonction de transfert de type linéaire.

IV.4.2   Estimation de l'intention du sujet

Le modèle neuronal adopté pour estimer l'intention du sujet à partir du signal EMG mesurant les activités des muscles quadriceps, est du type RN-PMC (Réseau de Neurones- Perceptron Multi Couches). Ce modèle de réseaux de neurones a été choisi pour sa capacité à approximer des fonctions non-linéaires. Il est constitué d'une couche d'entrée, d'une couche cachée et d'une couche de sortie. A chaque neurone est associé un biais permettant d'étalonner sa sortie, et une fonction de transfert. Notons que dans les couches d'entrée et de sortie, à chaque neurone est associé une fonction de transfert de type *linéaire*. Cette fonction est de type *sigmoïde* pour les neurones de la couche cachée.

En général, afin d'approximer une fonction   , le modèle du RN-PMC s'écrit sous la forme suivante [136] :

$$(z) = v \tag{IV.67}$$

où z représente le vecteur des entrées du RN-PMC et v sa sortie.

Dans notre étude, le RN-PMC s'écrit sous la forme suivante :

$$(EMG) = {}_{RN} \tag{IV.68}$$

où :

- $EMG = [E_1, E_2, .., E_n]^T$ est le vecteur des entrées du RN-PMC ; $E_1, E_2, .., E_n$ représentent les valeurs des signaux EMG mesurés,
- ${}_{RN}$ est la sortie du RN-PMC et représente la position souhaitée par le sujet.

L'équation (IV.68) peut être écrite sous la forme suivante (figure IV.22) :

$$(EMG) = w_2^T (w {}_1^T EMG + b_1) + b_2 \tag{IV.69}$$

129

avec :

- w_1 : le vecteur des poids synaptiques entre la couche d'entrée et la couche cachée,
- w_2 : le vecteur des poids synaptiques entre la couche cachée et la couche de sortie,
- b_1 : le vecteur des biais de la couche cachée ;
- b_2 : le biais scalaire de la couche de sortie ;
-   : la fonction d'activation de la couche cachée (de type sigmoïde).

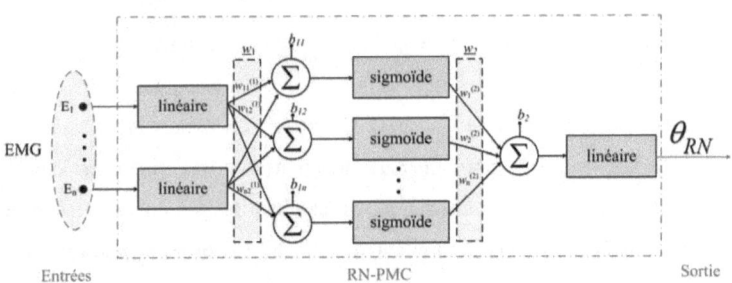

Figure IV.22 : Modèle neuronal pour l'estimation de l'intention du sujet.

IV.4.2.1 Apprentissage du modèle RN-PMC

L'entraînement du RN-PMC est fondé sur une base d'apprentissage ayant en entrée le signal EMG mesurant l'activité du muscle quadriceps lors de sa contraction volontaire, et en sortie la position angulaire du genou (figure IV.23).

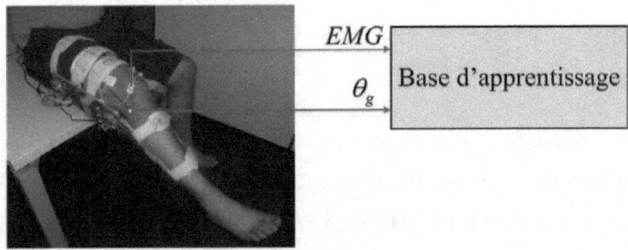

Figure IV.23 : Processus de création de la base d'apprentissage.

La procédure de création de la base d'apprentissage et l'étape de validation croisée sont développées dans le chapitre V. La procédure d'apprentissage consiste à identifier le vecteur des paramètres $P = [w_1, w_2, b_1, b_2]^T$ du RN-PMC. Ces paramètres sont estimés à partir d'un algorithme d'optimisation consistant en la minimisation d'une fonction de coût sur l'erreur quadratique entre la position estimée par le RN-PMC et la position réelle du genou mesurée à l'aide d'un électrogoniomètre. Cette fonction s'écrit (figure IV.24) [15] :

$$J = \frac{1}{2}\sum_{i=1}^{i=r} {}^2 = \frac{1}{2}\sum_{i=1}^{i=r}(\theta_{g_i} - \theta_{RN_i})^2 \qquad (IV.70)$$

où r représente le nombre d'échantillons de la base d'apprentissage.

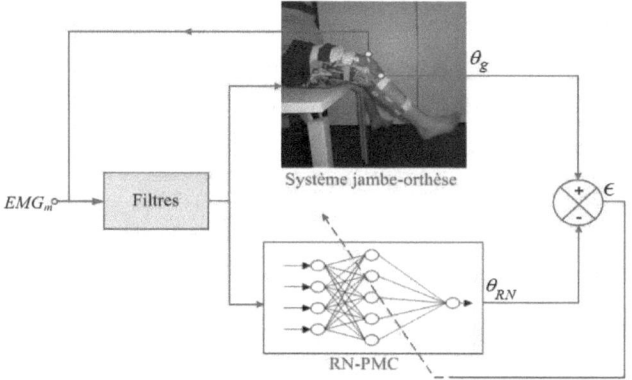

Figure IV.24 : Minimisation de la fonction de coût.

Il existe plusieurs algorithmes pour l'estimation des paramètres (poids et biais). Le principe général de ces algorithmes est comme suit :

1. Initialisation des paramètres ;

2. Détermination du sens de minimisation de la fonction de coût dans l'espace des paramètres ;

3. Déplacement d'un pas selon la direction trouvée, du point courant au point suivant ;

4. Répétition de la procédure jusqu'à satisfaction d'une contrainte (relativement faible) de minimisation de la fonction de coût.

131

La modification de P à l'itération k est donnée comme suit :

$$P_k = P_{k-1} + \mu_{k-1}d_{k-1} \qquad (IV.71)$$

où : μ_{k-1} représente le pas et d_{k-1} la direction de descente (dépendante de P_{k-1}).

Les méthodes d'optimisation dièrent l'une de l'autre par le choix de la direction de descente et le pas. En général, elles sont basées sur le calcul du gradient $\left(\nabla J = Grad\left(J(P) \right) \right)$ ou du Hessien (H(J(w))) [51]. Dans notre étude, la méthode de *Levenberg-Marquardt* a été choisie [124, 132]. Ce choix est justifié que fait que cette méthode permet de pallier les inconvénients du choix du pas et du nombre d'itérations du fait qu'elle adopte automatiquement un compromis entre la direction du gradient et la direction de Newton. En eet, la méthode de Levenberg-Marquardt effectue un compromis entre la direction du gradient (si $_{k-1}$ est relativement grand), et la direction donnée par la méthode de Newton (si $_{k-1}$ est relativement petit). La modification des paramètres s'eectue selon la relation suivante :

$$P_k = P_{k-1} - [H_{k-1} + {}_{k-1}I]^{-1}\nabla J_{k-1} \qquad (IV.72)$$

où I représente la matrice d'identité.

IV.5   Conclusion

Dans ce chapitre, nous avons analysé les principales variantes de la commande robuste par modes glissants et justifié le choix de la commande par modes glissants d'ordre 2 comme solution permettant de prendre en compte les non-linéarités, les incertitudes paramétriques résultant de la dynamique du système équivalent orthèse-membre inférieur et les perturbations externes auxquelles le système peut être soumis. Après avoir présenté les algorithmes les plus utilisés dans la partie discontinue du signal de commande, nous avons développé la synthèse de la loi de commande et étudié la stabilité du système en considérant le cas de l'algorithme du Super-twisting. Dans la dernière partie du chapitre, nous avons proposé une approche bio-inspirée pour estimer l'intention du sujet à partir de la mesure des signaux EMG caractérisant les activités musculaires volontaires du groupe musculaire quadriceps. L'estimateur proposé consiste en un modèle neuronal de type Perceptron Multi-Couches et permet de s'aranchir d'un modèle d'activation et de contraction musculaire complexe.

Chapitre V

Validations expérimentales

V.1 Introduction

Ce chapitre présente la mise en oeuvre et l'évaluation expérimentale de l'approche de commande, que nous avons proposée et développée dans le chapitre IV. Dans la première partie, nous étudions tout d'abord les performances des contrôleurs présentés dans le chapitre III, à partir de tests eectués sur diérents sujets valides. Les performances sont étudiées et comparées selon plusieurs critères : précision de poursuite de trajectoire, robustesse vis-à-vis des incertitudes paramétriques et des perturbations externes. Dans la deuxième partie, nous étudions les performances du modèle neuronal pour l'estimation de l'intention du sujet. Des tests de généralisation impliquant plusieurs sujets et des tests de robustesse vis-à-vis de perturbations externes et de co-contractions des muscles antagonistes, sont présentés et analysés. Enfin, dans la dernière partie, nous présentons les résultats relatifs à la commande référencée intention, utilisant l'algorithme de commande du Super-Twisting (STw).

V.2 Commande du système membre inférieur/ orthèse avec trajectoire de référence prédéfinie

Il s'agit ici d'étudier les performances des algorithmes de commande par modes glissants d'ordre 1 et 2 étudiés dans le chapitre IV. Pour compléter l'analyse comparative des diérentes approches de commande, nous avons mis en oeuvre un contrô-leur classique PID. Ce type de contrôleur est souvent utilisé dans la littérature pour la commande d'exosquelettes ou d'orthèses.

Les tests des diérentes commandes ont été réalisés sur diérents sujets valides en position assise, eectuant des mouvements de flexion/extension. La trajectoire de référence est une trajectoire de position représentant le cycle de marche d'un sujet valide (figure IV.14). Les performances sont estimées en termes de précision de poursuite de trajectoire et de robustesse vis-à-vis des incertitudes paramétriques et des perturbations externes. Notons que dans ces expérimentations, le sujet est passif. Des électrodes de surface EMG sont placées sur les groupes musculaires quadriceps et ischio-jambiers de chaque sujet pour s'assurer que le sujet ne développe aucun eort musculaire volontaire ($_k$ = 0). Les caractéristiques ainsi que les paramètres anthropométriques de chaque sujet sont donnés dans le tableau III.2 du chapitre III.

V.2.1 Contrôleur PID

Dans ce test, le système membre inférieur-orthèse est piloté à l'aide d'un contrô-leur PID. L'erreur de poursuite ainsi que le couple appliqué sont donnés figure V.1. Notons que les meilleures performances ont été obtenues avec les paramètres sui-vants : K_p = 18, K_i = 5, K_d = 0.5.

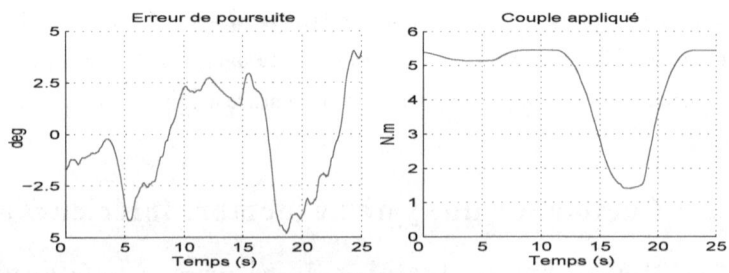

Figure V.1 : Erreur de poursuite et couple appliqué par l'orthèse : cas du contrôleur PID.

V.2.2 Commande par modes glissants d'ordre un

La commande par modes glissants d'ordre un, développée dans le chapitre IV, a été mise en oeuvre et ses performances évaluées. L'erreur de poursuite ainsi que le couple appliqué par l'orthèse sont représentés figure V.2. La commande par modes glissants d'ordre un permet de réduire l'erreur de poursuite mais, comme le montre la figure V.2, le phénomène du broutement (chattering) est clairement observable sur le signal de commande. Il a pour origine des commutations persistantes de la commande qui peuvent provoquer une détérioration prématurée de l'actionneur ou exciter des dynamiques de hautes fréquences non considérées dans la modélisation du système. Ce phénomène indésirable a été totalement éliminé avec les contrôleurs basés sur les algorithmes de commande par modes glissants d'ordre deux (figures V.3-V.5). Notons que ces résultats correspondent aux paramètres suivants : $=$ 18, $K = 35$.

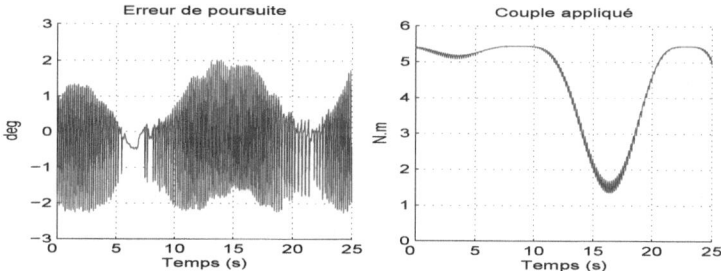

Figure V.2 : Suivi de trajectoire dans le cas de la commande par modes glissants d'ordre un.

V.2.3 Commande par modes glissants d'ordre deux

Dans cette partie, nous présentons et analysons les performances des algorithmes de commande par modes glissants d'ordre deux. La figure V.6 résume les EQM obtenues pour chaque contrôleur. Nous pouvons remarquer que le contrôleur PID est celui qui donne les moins bonnes performances puisque l'erreur quadratique moyenne de suivi de trajectoire est la plus élevée ($EQM_{PID} = 2.18°$). Le contrôleur utilisant l'algorithme du Super-Twisting est celui qui garantit la meilleure précision.

L'EQM dans le cas du Super-Twisting est de $0.02°$ alors qu'elle varie entre $0.15°$ et $0.49°$ pour les algorithmes du Drift et du Twisting échantillonné. Cependant, lors des tests, des vibrations ont été ressentis par les sujets pour certains algorithmes. Ces vibrations varient en amplitude d'un contrôleur à l'autre. Elles se produisent à basses fréquences pour l'algorithme du Twisting échantillonné et elles sont plus importantes dans le cas de l'algorithme du Drift et de l'algorithme de Convergence avec la loi prescrite. L'algorithme du Sub-Optimal produit des vibrations mais à la diérence des autres algorithmes, ces vibrations sont ressenties à de hautes fréquences sur les intervalles suivants : ($[0.3s-0.9s]$, $[11.03s-15.42s]$, $[16.7s-18.11s]$, et $[24.17s-25s]$). Ce phénomène vibratoire est cependant totalement éliminé en utilisant l'algorithme du Super-Twisting (figure V.5).

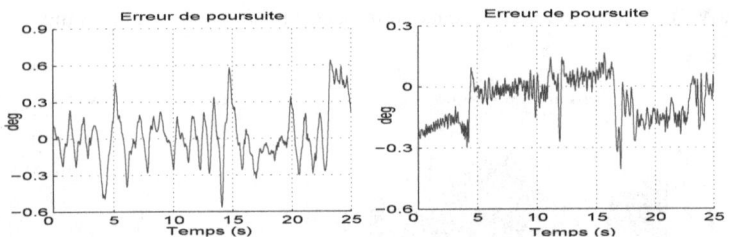

Figure V.3 : Poursuite d'une trajectoire de marche : Algorithme du Twisting échantillonné ($= 23$, $_m = 10$, $_M = 30$), Algorithme du Drift ($= 30$, $u_m = 15$, $u_M = 26$).

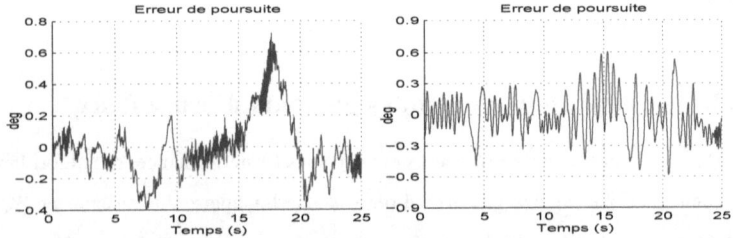

Figure V.4 : Poursuite d'une trajectoire de marche avec : Algorithme du Sub-Optimal ($= 0.9$, $= 35$, $= 0.7$, $V_m = 20$), Algorithme de Convergence avec la loi prescrite ($= 20$, $V_M = 22$, $_g = 15$, $= 0.8$).

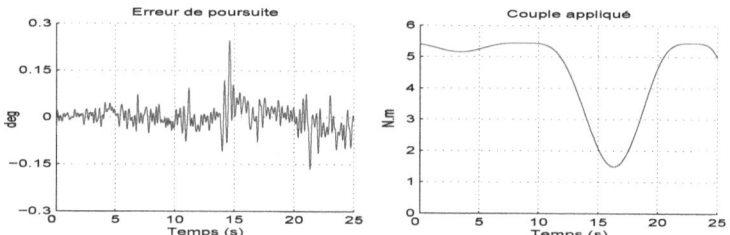

Figure V.5 : Poursuite d'une trajectoire de marche : Algorithme du Super-Twisting
(= 28, = 32, = 10).

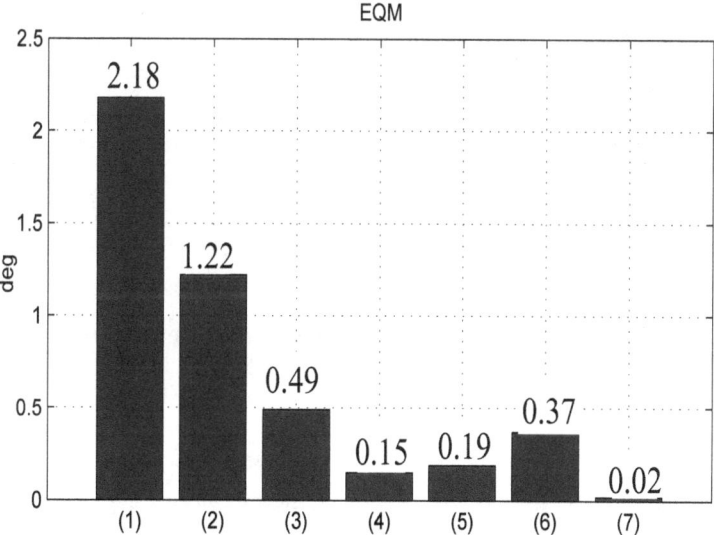

Figure V.6 : EQM pour les diérents algorithmes : (1) Contrôleur PID, (2) Modes glissants d'ordre un, (3) Algorithme du Twisting échantillonné, (4) Algorithme du Drift, (5) Algorithme du Sub-Optimal généralisé, (6) Algorithme de Convergence avec la loi prescrite, (7) Algorithme du Super-Twisting.

Les résultats des tests obtenus pour chaque sujet et pour chaque contrôleur sont résumés dans le tableau V.1.

Table V.1 : EQM pour chaque contrôleur et pour chaque sujet (Moy : Moyenne, Var : Variance, IC : Intervalle de Confiance à 95%)

Sujet	PID (deg)	Super-Twisting (deg)	Sub-Optimal (deg)	Loi prescrite (deg)	Twisting (deg)	Drift (deg)
S_1	2.18	0.02	0.19	0.37	0.49	0.15
S_2	6.03	0.02	0.78	0.99	0.98	0.63
S_3	6.41	0.02	1.16	1.06	0.99	1.27
S_4	6.56	0.03	0.89	1.44	0.82	2.07
S_5	6.85	0.02	0.39	2.23	0.38	0.75
S_6	6.74	0.02	0.88	1.39	0.74	0.77
S_7	6.72	0.01	1.45	2.17	0.92	1.46
S_8	5.44	0.05	0.41	2.52	0.77	0.82
S_9	5.94	0.02	0.36	1.08	0.75	0.62
Moy	5,87	0,023	0.72	1,47	0,76	0,95
Var	2,13	0,00012	0,17	0,49	0,04	0,32
IC	1,391	$8,166.10^{-5}$	0,114	0,321	0,028	0,209

V.2.4   Tests de robustesse vis-à-vis des perturbations externes

Des tests de robustesse vis-à-vis des perturbations externes ont été eectués pour chacun des contrôleurs. Ces perturbations consistent en un couple résistif de courte durée appliqué par l'utilisateur. Les EQM obtenues dans chaque cas sont consignées dans le tableau V.2.

Les valeurs des erreurs moyennes (Moy) obtenues pour chaque contrôleur, sur l'ensemble des sujets, dans les cas avec et sans perturbations, sont représentées figure V.7. Cette figure montre clairement que le contrôleur PID est celui qui présente la plus grande sensibilité vis-à-vis des perturbations externes. La robustesse des contrôleurs basés sur les modes glissants d'ordre deux varie selon l'algorithme utilisé. La meilleure performance est obtenue dans le cas de l'algorithme du Super-Twisting. Ce contrôleur est retenu pour la suite des expérimentations pour commander le

Table V.2 : EQM pour chaque contrôleur en présence de perturbations externes

Sujet	PID (deg)	Super-Twisting (deg)	Sub-optimal (deg)	Loi prescrite (deg)	Twisting (deg)	Drift (deg)
S_1	5.56	0.02	1.12	1.39	0.68	0.82
S_2	7.03	0.02	1.03	1.57	1.05	0.86
S_3	7.95	0.04	1.28	3.94	1.64	1.73
S_4	9.43	0.03	1.43	0.84	0.90	1.32
S_5	7.52	0.03	1.67	2.62	1.15	2.84
S_6	7.86	0.02	0.92	1.18	1.50	1.49
S_7	8.64	0.03	1.43	2.78	1.52	1.70
S_8	9.03	0.07	2.91	3.93	1.94	1.81
S_9	6.96	0.02	1.01	2.16	1.08	1.39
Moy	7.78	0.03	1.42	2.27	1.27	1.55
Var	1.41	0.0003	0.37	1.30	0.16	0.36
IC	0.92	0.0002	0.24	0.85	0.10	0.23

système membre inférieur-orthèse. Dans ce qui suit, nous procédons à une étude détaillée des performances du contrôleur par Modes Glissants utilisant l'algorithme du Super-Twisting (CMG-STw).

V.2.5   Performances du contrôleur STw

L'objet de ces tests est d'analyser les performances du contrôleur STw dans les cas suivants :

– **Entrée en échelon** :

La réponse indicielle du système membre inférieur-orthèse est illustrée figure V.8. Nous pouvons remarquer que le système converge vers la trajectoire de référence en un temps fini relativement faible. Nous observons aussi qu'il n'y a pas de dépassement grâce à l'attractivité de la surface de glissement choisie. L'erreur de poursuite, dans le régime stationnaire du système est égale à $0,06°$. Nous relevons aussi que le temps de montée (TM) est relativement faible

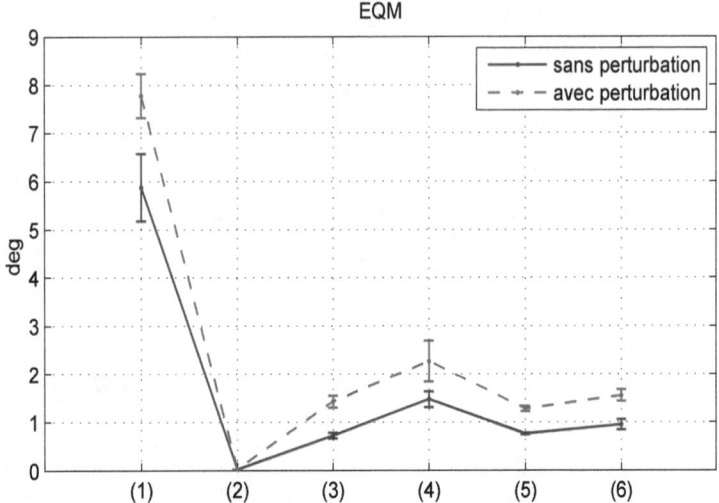

Figure V.7 : Représentation graphique de la moyenne des EQM pour chaque contrôleur, sur l'ensemble des sujets, pour les deux cas : avec et sans rajout de perturbations. Avec : (1) régulateur PID, (2) algorithme du Super-Twisting, (3) algorithme du Sub-optimal, (4) algorithme de Convergence avec la loi prescrite, (5) algorithme du Twisting, (6) algorithme du Drift.

($TM = 0,534$s). Une perturbation externe sous la forme d'un couple résistant est appliquée lorsque le régime stationnaire est atteint. Comme le montre la figure V.8, le contrôleur STw absorbe ecacement la perturbation. Enfin, la figure V.9 montre que quelque soit le point initial du système, la trajectoire converge toujours asymptotiquement vers l'origine du plan de phase $S\dot{S}$.

– **Suivi de trajectoire** :

L'application d'une perturbation vient confirmer les résultats de la réponse indicielle. Les résultats du suivi sont présentés figure V.10. Nous pouvons remarquer que l'erreur de poursuite est relativement faible ($0,03°$).

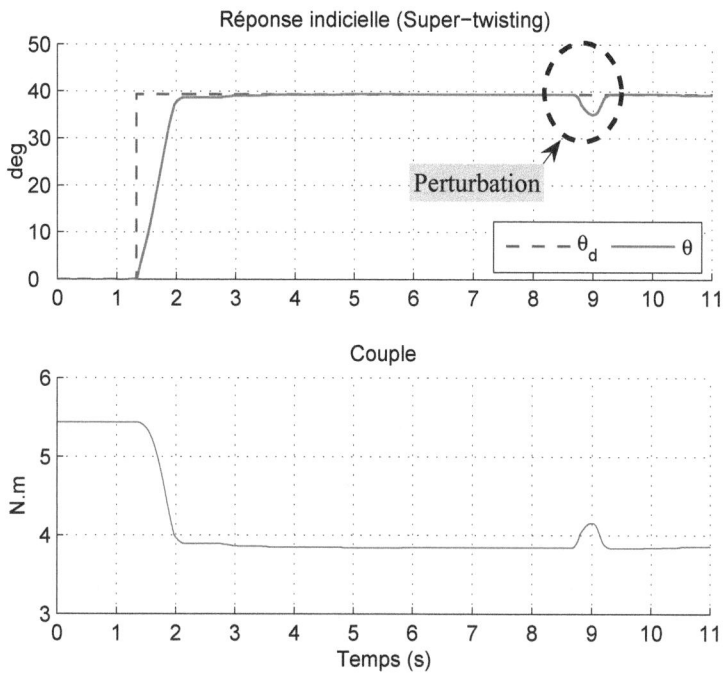

Figure V.8 : Réponse indicielle du contrôleur par modes glissants d'ordre deux utilisant l'algorithme du Super-Twisting (résultats obtenus avec le sujet S_1).

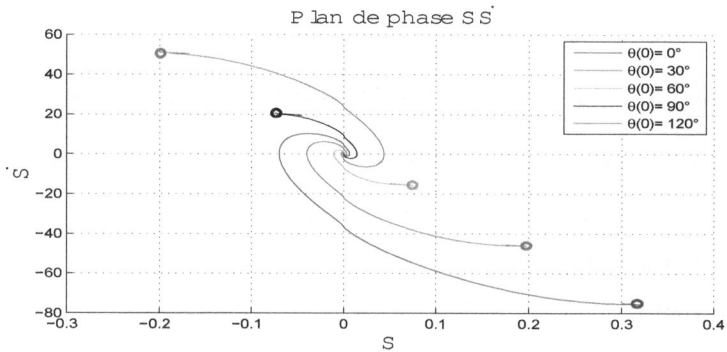

Figure V.9 : Convergence du système vers l'origine du plan de phase ($CM\,G_{STw}$)

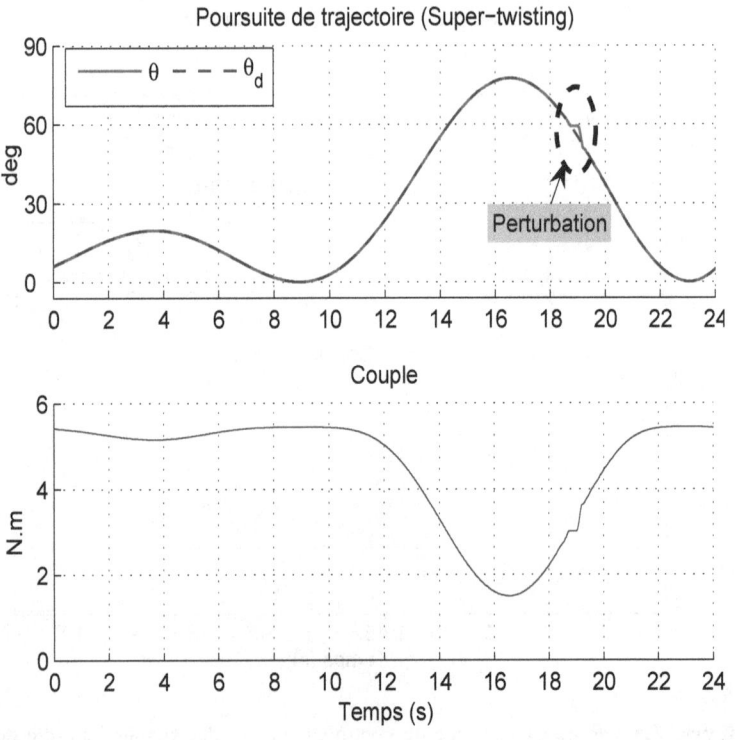

Figure V.10 : Poursuite de trajectoire avec perturbation (résultats obtenus avec le sujet $S1$).

V.2.6   Robustesse vis-à-vis des incertitudes paramétriques

Les incertitudes paramétriques peuvent avoir plusieurs origines telles que :

1. l'imprécision des techniques d'identification utilisées ;

2. le choix de la trajectoire excitante qui ne peut exciter tous les paramètres du système ;

3. la diculté d'obtenir expérimentalement une estimation satisfaisante de certains paramètres ;

4. la variation des paramètres d'un sujet à un autre, etc.

Pour étudier la robustesse du contrôleur STw, nous avons procédé à un test de robustesse consistant à introduire successivement des biais de 20%, 50% et 80%, sur les valeurs des paramètres identifiés $_g, f_{veq}, f_{seq}$, et I_{eq}. Les biais sont représentés respectivement par $\Delta_g, \Delta f_{veq}, \Delta f_{seq}$, et ΔI_{eq}. Les EQM obtenues sont répertoriés dans le tableau IV.3 et représentées sur la figure V.11.

Table V.3 : EQM en présence d'incertitudes paramétriques.

	$EQM_{20\%}$ $(\times 10^{-2°})$	$EQM_{50\%}$ $(\times 10^{-2°})$	$EQM_{80\%}$ $(\times 10^{-2°})$
$\tilde{}_g = _g \pm \Delta_g$	4.02 | 4.24	4.39 | 4.52	4.46 | 4.53
$\tilde{f}_{veq} = f_{veq} \pm \Delta f_{veq}$	4.25 | 4.04	4.30 | 4.09	4.68 | 4.77
$\tilde{I}_{eq} = I_{eq} \pm \Delta I_{eq}$	5.01 | 4.26	5.27 | 4.61	5.77 | 7.27
$\tilde{f}_{seq} = f_{seq} \pm \Delta f_{seq}$	4.10 | 4.29	4.41 | 4.31	4.43 | 4.35

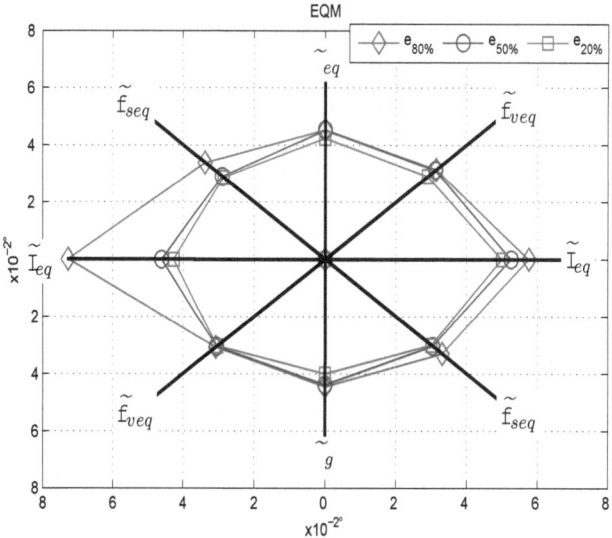

Figure V.11 : Les erreurs quadratiques obtenues avec l'algorithme du Super-Twisting en présence d'incertitudes paramétriques.

La figure V.11 montre clairement qu'indépendamment de l'erreur additionnelle introduite dans les paramètres identifiés, les erreurs de poursuite de trajectoire restent relativement faibles. L'EQM maximale $(0,07°)$ est obtenue dans le cas où le biais est égale à 80% de la valeur de l'inertie identifiée. Ces bonnes performances en termes de robustesse vis-à-vis des incertitudes paramétriques résultent de l'attractivité de la surface de glissement qui impose une certaine dynamique au système membre inférieur-orthèse, qui est indépendante des propriétés inertielles du système.

Un autre test consistant à suivre la trajectoire de référence en se plaçant dans les conditions opérationnelles suivantes : Les paramètres du contrôleur STw correspondent à ceux estimés pour le sujet principal (S_1). Ces mêmes paramètres sont ensuite utilisés pour eectuer le suivi de trajectoire avec les autres sujets. Chaque test comprend trois étapes : dans la première, le système suit la trajectoire de référence ; dans la deuxième, le système suit la trajectoire désirée en ayant appliqué au préalable une charge supplémentaire de 1,5Kg au niveau du pied ; dans la troisième étape, en plus de la charge placée au niveau du pied, une perturbation externe est appliquée durant le suivi de la trajectoire. Le tableau V.4 résume les EQM obtenues pour chaque sujet dans les trois cas précédents. Une représentation de ces résultats est donnée figure V.12. Les résultats obtenus démontrent clairement la robustesse du contrôleur STw.

Table V.4 : EQM obtenues pour chaque sujet, sans identification paramétrique, et pour les trois cas : (1) sans perturbation, (2) avec charge, (3) avec charge et perturbation

	S_2	S_3	S_4	S_5	S_6	S_7	S_8	S_9
(1)	0.03	0.04	0.09	0.06	0.03	0.05	0.06	0.04
(2)	0.04	0.07	0.11	0.09	0.06	0.08	0.11	0.06
(3)	0.13	0.09	0.13	0.15	0.08	0.18	0.21	0.12

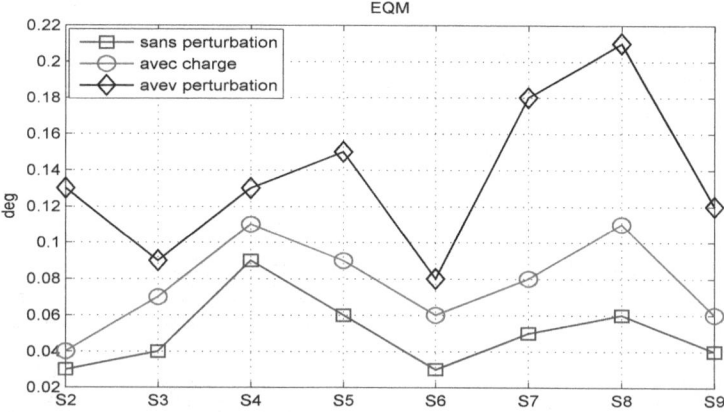

Figure V.12 : Représentation graphique des EQM obtenues pour chaque sujet, sans identification paramétrique, et pour les trois cas : (1) sans perturbation, (2) avec charge, (3) avec charge et perturbation.

V.3 Estimation de l'intention

Dans cette partie, nous étudions les performances du modèle neuronal pour l'estimation de l'intention du sujet dans le cas de mouvements de flexion/extension de l'articulation du genou. Des tests de généralisation (validation croisée) impliquant cinq sujets et des tests de robustesse vis-à-vis de perturbations externes et de co-contractions des muscles antagonistes sont présentés et analysés. Pour les besoins de ces tests, des électrodes de surface EMG sont placées sur le groupe musculaire quadriceps de chaque sujet pour mesurer l'activité musculaire et un électrogoniomètre est utilisé pour mesurer la position réelle de l'articulation du genou. Il est demandé à chaque sujet portant l'orthèse d'eectuer volontairement des mouvements de flexion/extension du genou selon des trajectoires riches en fréquences et en amplitudes afin de constituer une base d'apprentissage consistante (figure V.13). Notons ici que l'orthèse est passive.

La figure V.14 montre une partie du signal EMG mesuré ainsi que la position correspondante, utilisées pour créer la base d'apprentissage.

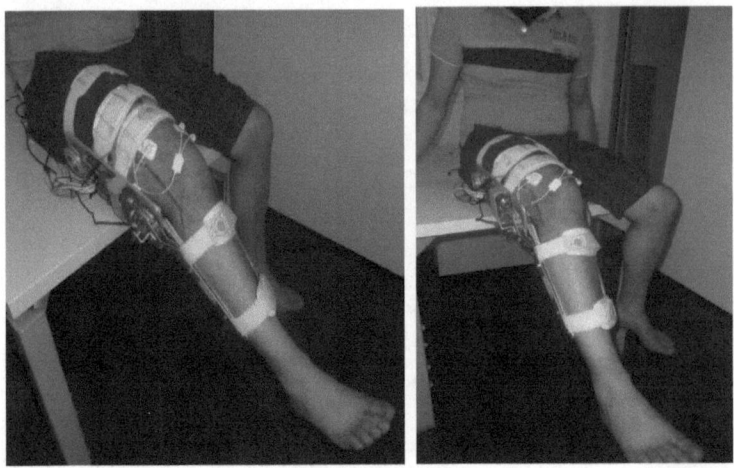

Figure V.13 : Test pour la constitution de la base d'apprentissage du RN-PMC.

V.3.1 Structure du modèle RN-PMC

La structure du modèle RN-PMC comprend une couche d'entrée, une couche cachée et une couche de sortie (cf.chapitre IV). La détermination du nombre de neurones de la couche cachée est très important. En eet, un nombre réduit de neurones peut ne pas garantir une bonne précision d'estimation alors qu'un nombre relativement élevé de neurones peut conduire à une précision plus élevée mais au détriment d'un temps de réponse plus élevé. Dans cette étude, pour déterminer le nombre su sant de neurones, nous avons évalué des structures du modèle avec 3, 5 et 7 neurones dans la couche cachée. Les poids et les biais identifiés par la méthode de Levenberg-Marquardt sont donnés ci-dessous :

a. Couche cachée à 3 neurones :

$w_1 = [14.2163 \ 3.625; -72.6028 \ 30.1631; -28.7183 \ 94.0156]$

$w_2 = [-22.3375 \ 33.879 \ -35.0093]$

$b_1 = [-1.1481; 29.5378; 93.2796]$

$b_2 = 23.4931.$

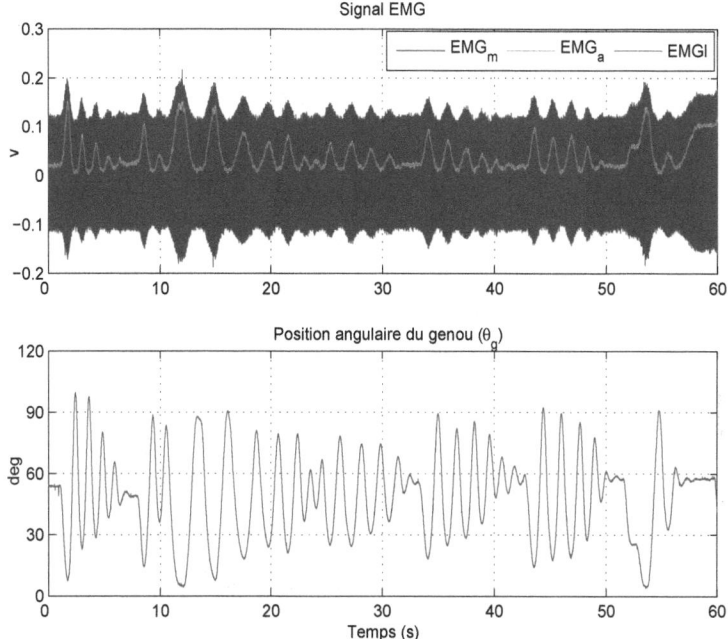

Figure V.14 : Génération de la base d'apprentissage du RN-PMC à partir du signal EMG et de la position angulaire du genou.

b. Couche cachée à 5 neurones :

$w_1 = [-5.7849 \ -3.6105; 4.8329 \ -2.0331; 4.1388 \ 2.848; 5.4163 \ 2.2944; 28.5434 \ 0.65724]$

$w_2 = [1.2405 \ -2.7885 \ 1.9152 \ 2.5361 \ -8.1103]$

$b_1 = [3.1329; -4.0423; -1.4955; -0.56744; 1.9617]$

$b_2 = 2.0646.$

c. Couche cachée à 7 neurones :

$w_1 = [-6.1162 \ 2.09; -7.2508 \ -0.52566; -4.2367 \ 3.0453; 6.9291 \ -1.6084; -10.8178 \ -2.0602; -12.5772 \ 1.4234; -22.9891 \ -0.91745]$;

$w_2 = [0.65243 \ 1.4248 \ 1.7793 \ -1.8966 \ -4.0436 \ 1.7993 \ 9.1604]$

$b_1 = [6.7622; 6.259; 3.3617; -3.9751; 1.439; -1.4095; -1.1144]$

$b_2 = 1.1809.$

Les écarts types relatifs résultant de l'estimation des paramètres du modèle RN-PMC pour chacune des structures sont répertoriés dans le tableau V.5. Nous pouvons remarquer que les valeurs obtenus pour chaque structure sont relativement faibles. La valeur maximale est de 0.163%.

Table V.5 : Écarts types relatifs des poids-biais identifiés par l'algorithme de Levenberg-Marquardt.

Nombre de neurones	Écart type relatif (%)
3 neurones	0.163
5 neurones	0.102
7 neurones	0.094

V.3.2 Validation croisée

Pour la validation des paramètres du RN-PMC, nous avons procédé à des tests des trois structures décrites ci-dessus (figure V.15).

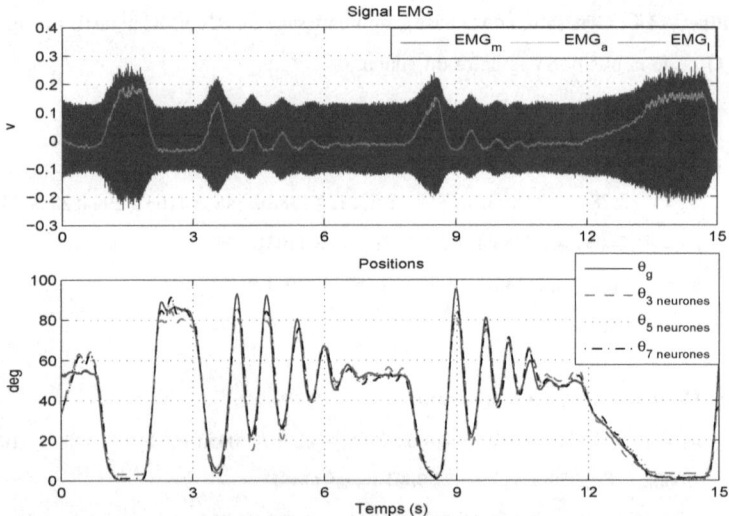

Figure V.15 : Estimation de la position désirée par le sujet à partir du modèle RN-PMC avec couche cachée à 3, 5 et 7 neurones.

Les erreurs d'estimation du RN-PMC, pour chaque structure, sont illustrées figure V.16. Les valeurs des EQM des estimations sont résumées dans le tableau V.6.

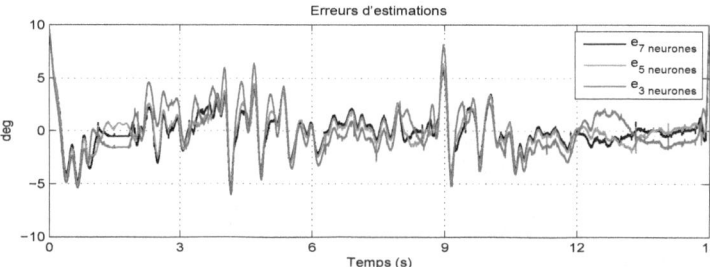

Figure V.16 : Erreurs d'estimations du RN-PMC avec couche cachée à 3, 5 et 7 neurones (S_1).

Table V.6 : EQM d'estimations du RN-PMC avec couche cachée à 3, 5 et 7 neurones.

Nombre de neurones	EQM (deg)
3 neurones	2.313
5 neurones	1.832
7 neurones	1.753

Comme le montre la figure V.15, le RN-PMC permet une bonne estimation de la position désirée. En comparant les erreurs d'estimations, on peut observer que plus le nombre de neurones augmente, plus l'erreur d'estimation diminue. En eet, l'EQM pour un modèle à 5 neurones dans la couche cachée (1.832°) est nettement plus faible que celle obtenue avec une couche cachée à 3 neurones (2.313°). Néanmoins, en comparant les EQM obtenues avec des modèles à 5 et 7 neurones, on constate une légère amélioration de la précision de l'estimation qui s'élève à 0.0790°. Dans la suite de cette étude, notre choix s'est porté sur l'utilisation d'une structure à 5 neurones dans la couche cachée. Une deuxième expérimentation a été menée pour la validation de cette structure en considérant une trajectoire plus complexe. Comme le montre la figure V.17, les résultats obtenus confirment les bonnes performances de l'estimateur (EQM=2.687°).

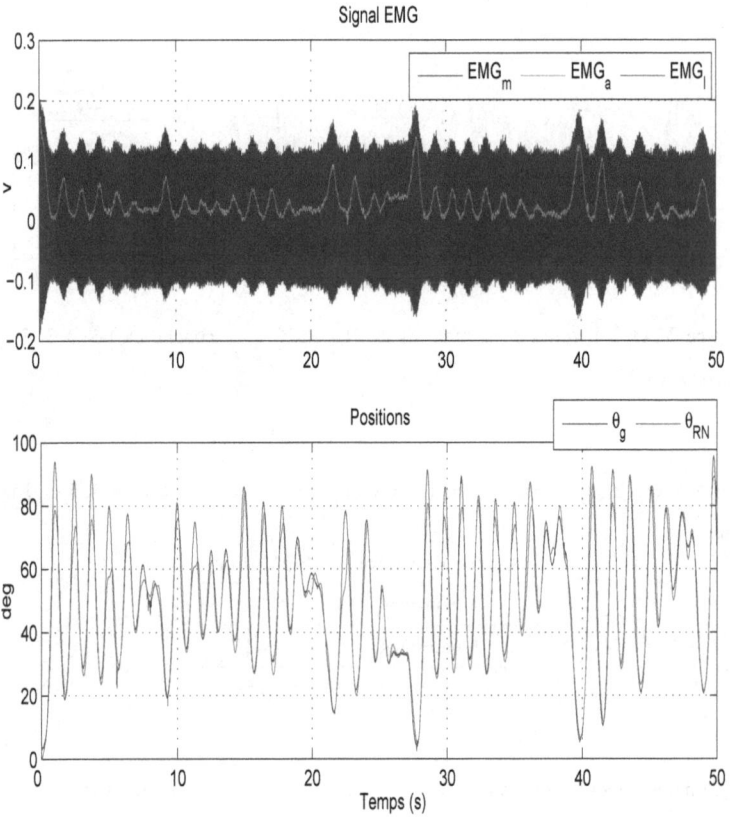

Figure V.17 : Résultat de la validation croisée du RN-PMC avec une structure à 5 neurones.

D'autres validations ont été eectuées sur d'autres sujets. Les résultats obtenus sont donnés figure V.18 et tableau V.7. Les paramètres du modèle RN-PMC utilisé pour les sujets S_2, S_3, S_4 et S_5 sont ceux estimés avec le sujet S_1. Les résultats obtenus restent satisfaisants et peuvent être améliorés en procédant à une identification séparée pour chaque sujet comme le montre la figure V.19 et le tableau V.8.

Table V.7 : EQM - Cas de l'estimation de l'intention sans estimation des paramètres du RN-PMC

Sujet	S_1	S_2	S_3	S_4	S_5
EQM (deg)	1.1981	2.8963	2.6549	1.9360	3.2844

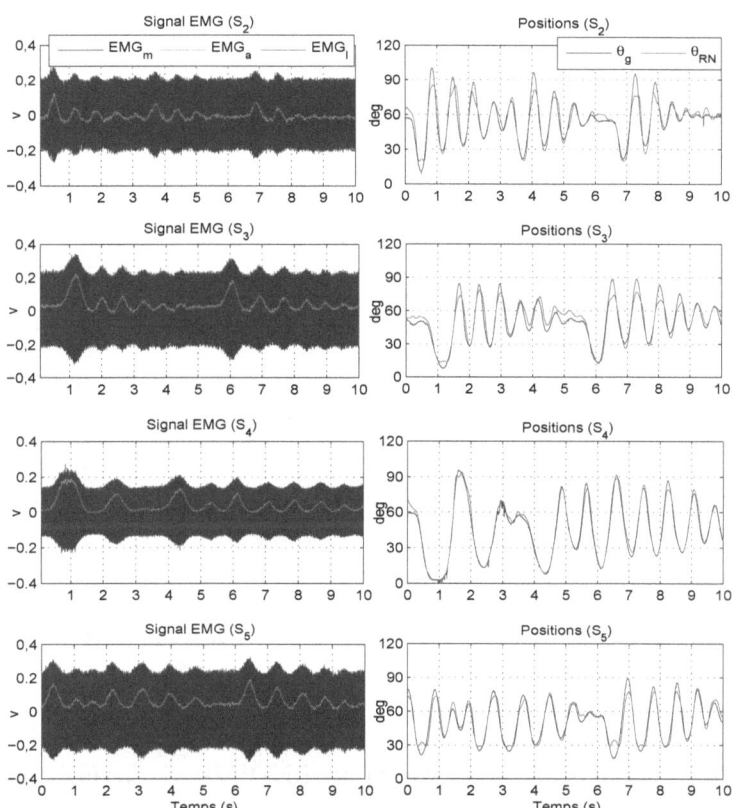

Figure V.18 : Résultats de la validation.

Table V.8 : EQM - Cas de l'estimation de l'intention avec ajustement des paramètres du RN-PMC

Sujet	S_1	S_2	S_3	S_4	S_5
EQM (deg)	1.1981	2.4551	1.8558	1.8071	1.6467

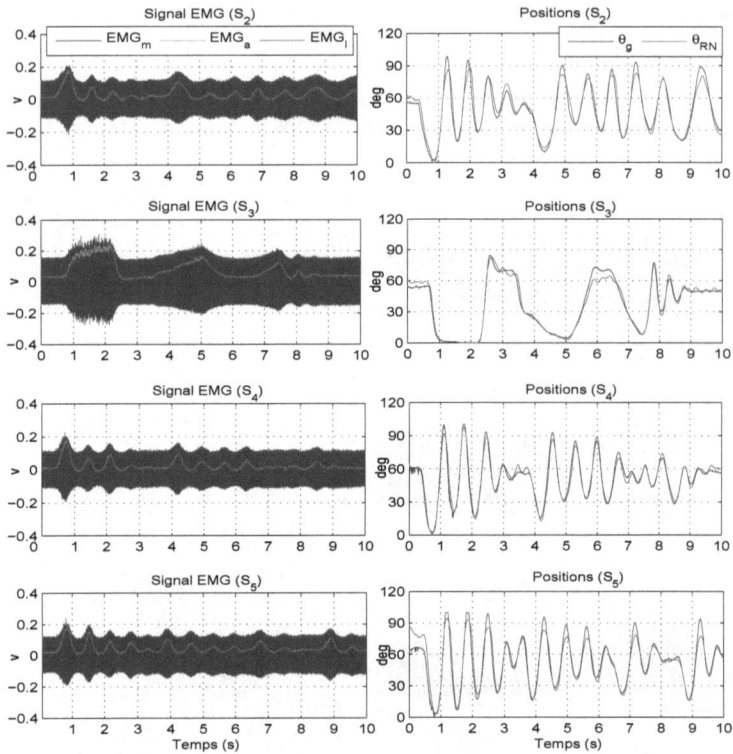

Figure V.19 : EMG mesurés et positions estimées avec identification des para-mètres du RN-PMC.

V.3.3 Robustesse de l'estimateur RN-PMC vis-à-vis des per-turbations

Pour étudier la robustesse de l'estimateur RN-PMC vis-à-vis des perturbations, nous avons mené deux expérimentations :

– La première consiste en l'application sur la jambe du sujet durant le mouve-ment de flexion/extension d'un eort résistif, externe, borné de durée relati-vement courte. Comme nous pouvons l'observer sur la figure V.21, la pertur-bation qui se produit à l'instant $t = 7$s est prise en compte par le RN-PMC.

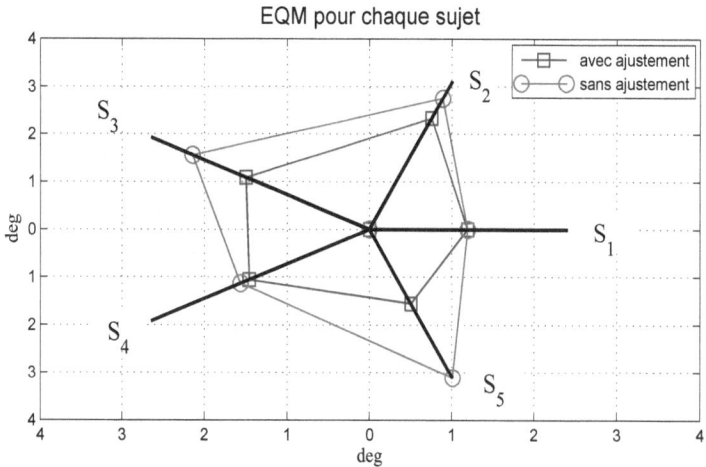

Figure V.20 : EQM obtenus avec/sans identification des paramètres du RN-PMC.

– La deuxième expérimentation consiste en l'application par le sujet de co-
contractions musculaires volontaires des muscles antagonistes (quadriceps/ischio-
jambier). De la même manière que dans la précédente expérimentation, la figure V.22 montre que l'estimateur RN-PMC détecte et prend bien en compte
les co-contractions.

V.3.4 Commande du système membre inférieur-orthèse avec trajectoire de référence estimée à partir de l'intention du sujet

Dans cette expérimentation, il s'agit de commander à partir du contrôleur STw
le système membre inférieur-orthèse pour suivre une trajectoire de référence estimée à partir de l'intention du sujet ; ce dernier eectuant un mouvement de
flexion/extension du genou. La trajectoire de référence imposée par le sujet est
estimée à partir à partir du modèle neuronal RN-PMC (figure V.23).

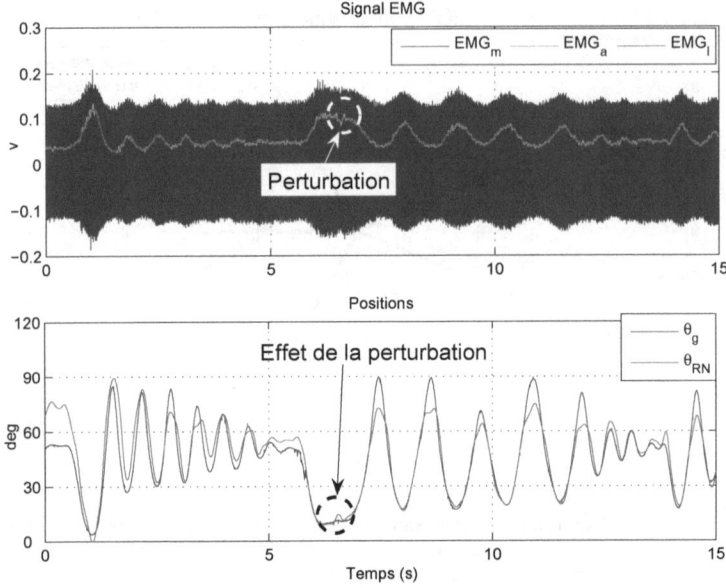

Figure V.21 : Robustesse de l'estimateur RN-PMC - Application d'un eort perturbateur externe ($S_5, EQM = 3.4475°$).

Les résultats de ces expérimentations qui ont concerné le sujet $S1$ sont illustrés figure V.24, figures V.25 et V.26. L'erreur de poursuite représentée figure V.26
montre clairement que le contrôleur STw couplé à l'estimateur RN-PMC permet de
suivre de manière satisfaisante la trajectoire imposée par le sujet ($EQM = 1.001°$).
Nous pouvons également remarquer sur la figure V.27 l'absence totale du phénomène
du broutement sur le signal de commande. Trois autres tests ont été eectués sur
les sujets S_2, S_3 et S_4. Les EQM obtenus sont données dans le tableau V.8. Nous
pouvons remarquer à partir des figures V.25, V.26 et V.27 que la configuration correspondant à l'hyper-extension de l'articulation du genou (proche de 0°) entraîne
systématiquement une saturation du couple autour de 5 N.m.

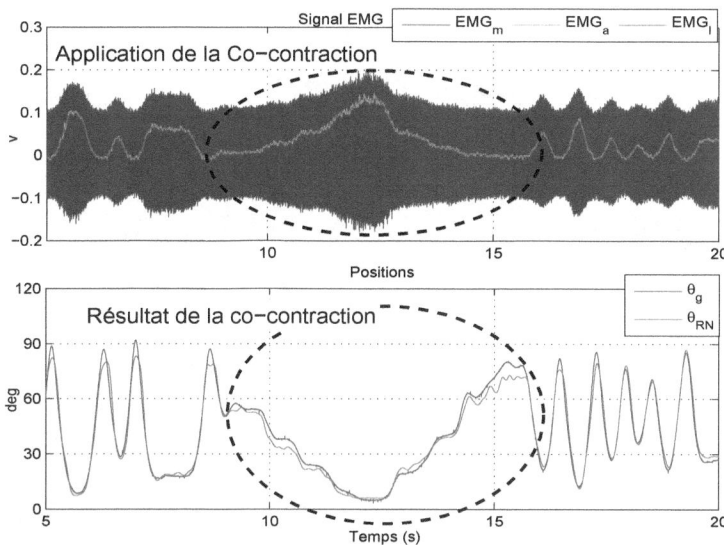

Figure V.22 : Robustesse de l'estimateur RN-PMC - Application par le sujet d'une co-contraction musculaire (S_1, $EQM = 2.0690°$).

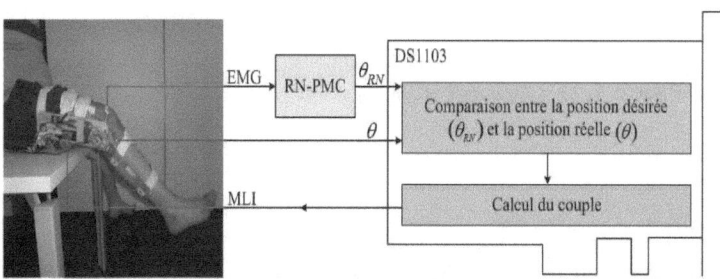

Figure V.23 : Schéma bloc de la commande du système membre inférieur-orthèse avec trajectoire de référence estimée à partir de l'intention du sujet.

Table V.9 : EQM obtenues pour la poursuite de trajectoire générée par le RN-PMC.

Sujet	S_1	S_2	S_3	S_4
EQM (deg)	1.001	1.339	1.274	1.171

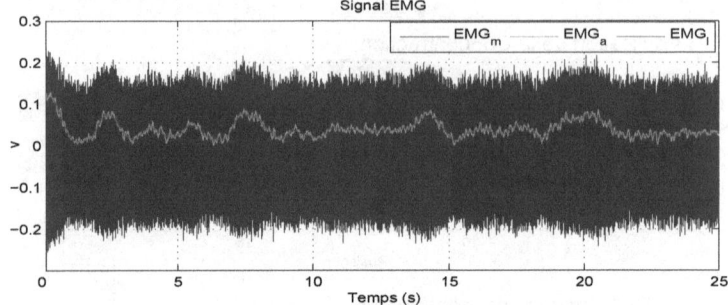

Figure V.24 : Signal EMG mesuré (S_1).

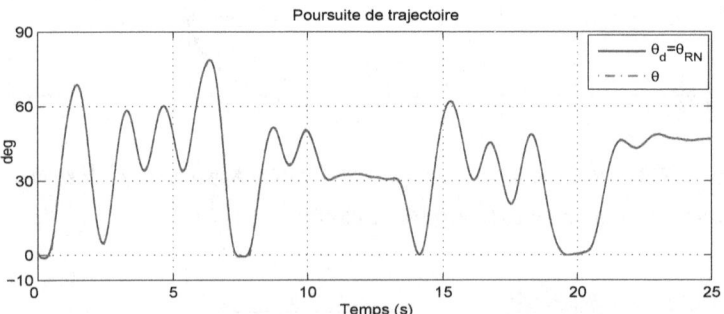

Figure V.25 : Poursuite de la trajectoire estimée par le RN-PMC.

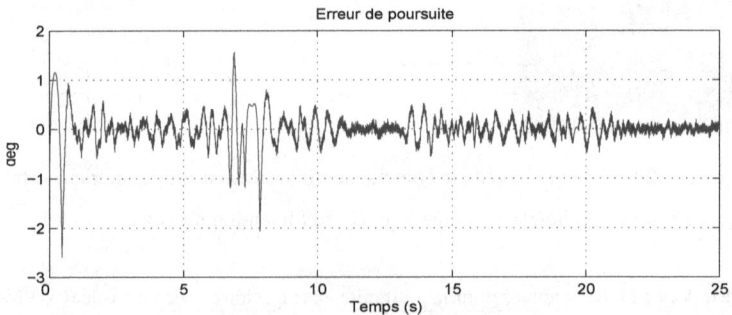

Figure V.26 : Erreur de poursuite.

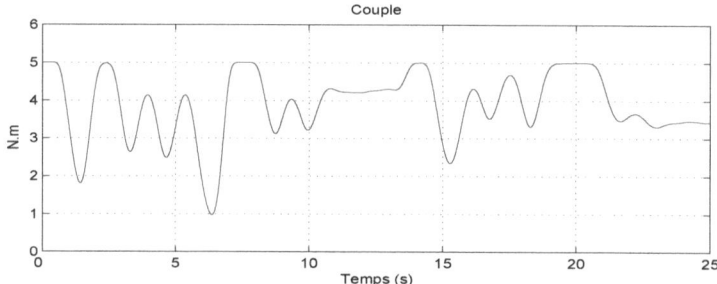

Figure V.27 : Couple appliqué

V.4   Conclusion

Dans ce chapitre, nous avons mis en oeuvre et validé expérimentalement les approches de commande et d'estimation développées dans le chapitre IV. Nous avons
d'abord évalué sur diérents sujets valides, les performances des diérents contrôleurs par modes glissants. Les performances de chaque contrôleur ont été étudiées et
comparées selon plusieurs critères : précision de poursuite de trajectoire, robustesse
vis-à-vis des incertitudes paramétriques et des perturbations externes et absence de
vibration le long de la trajectoire (confort du sujet lors de la poursuite de la trajectoire désirée). Les résultats obtenus montrent que le contrôleur utilisant l'algorithme
du Super-Twisting est celui qui garantit les meilleures performances. Concernant
l'estimation de l'intention du sujet, nous avons tout d'abord déterminé expérimentalement à partir d'une base d'apprentissage la structure neuronale orant le meilleur
compromis entre complexité et performances. Des tests de validation impliquant plusieurs sujets et incluant des tests de robustesse vis-à-vis de perturbations externes
et de co-contractions des muscles antagonistes, ont montré de bonnes performances
de l'estimateur. Dans la dernière partie du chapitre, nous avons présenté les résultats relatifs à la commande par modes glissants d'ordre 2 et référencée intention
du système membre inférieur-orthèse. Les erreurs de poursuite obtenues montrent
clairement que le contrôleur basé sur l'algorithme du Super-Twisting, couplé à l'estimateur neuronal, permet de suivre de manière satisfaisante la trajectoire imposée
par le sujet.

Chapitre VI

Conclusion & Perspectives

Ce travail de thèse a porté sur diérents aspects de l'automatique appliqués la biomécanique et plus particulièrement à l'assistance des mouvements de flexion/extension des membres inférieurs des personnes sourant de pathologies du genou. Cette assistance fonctionnelle des mouvements qui se fait à travers une orthèse active peut également servir pour le renforcement des muscles agonistes comme les quadriceps.

La première contribution concerne la proposition d'une approche de commande par modes glissants d'ordre deux et référencée intention. Cette commande permet de tenir compte des non-linéarités et des incertitudes paramétriques résultant de la dynamique du système équivalent orthèse-membre inférieur. L'objectif étant d'assurer un bon suivi de la trajectoire de référence tout en garantissant la robustesse du système vis-à-vis des perturbations externes qui peuvent se produire lors des mouvements de flexion/extension. Les modèles dynamiques de l'articulation du genou, de l'orthèse et du membre inférieur ont été développés. L'identification des paramètres dynamiques du modèle équivalent membre inférieur-orthèse a été obtenue à partir de la formulation d'un problème d'optimisation au sens des moindres carrés. Les données expérimentales utilisées pour l'identification de ces paramètres ont été obtenues à partir des mesures expérimentales eectuées sur des sujets valides.

La deuxième contribution concerne l'estimation de l'intention du sujet porteur de l'orthèse à travers un modèle neuronal de type Perceptron Multi-Couches. Cet

161

estimateur a pour entrée les signaux EMG liés aux activités musculaires volontaires du groupe musculaire quadriceps et comme sortie la position articulaire du genou. L'avantage d'un tel estimateur est de s'aranchir de l'utilisation de modèles de contraction musculaire complexes incluant plusieurs paramètres souvent non mesurables et/ou dicilement identifiables.

La troisième contribution porte sur la commande référencée intention du système orthèse-membre inférieur. L'estimation de l'intention à partir des signaux EMG est exploitée comme trajectoire de référence de la commande par modes glissants d'ordre deux du système non-linéaire. Cette commande permet de forcer ce dernier à suivre une dynamique imposée par la surface de glissement choisie au préalable. Il s'agit d'amener le système à converger vers cette surface en un temps fini et de rester sur cette dernière ou dans son voisinage. Cette approche a été validée expérimentalement avec la participation volontaire de plusieurs sujets valides. Toutes les précautions ont été prises pour garantir le bon déroulement des expérimentations et la sécurité des sujets.

Enfin, la dernière contribution en cours de réalisation concerne l'extension des approches développées dans cette thèse à d'autres types de mouvements comme la ré-autonomisation des patients pour les passages assis-debout et debout-assis.

Les perspectives à court terme concernant ce travail, sont de valider expérimentalement les diérentes contributions sur des patients atteints de pathologies du genou en collaboration avec l'hôpital Henri Mondor. Ces expérimentations vont permettre de valider après identification des paramètres propres à chaque patient, le contrôle par modes glissants d'ordre deux pour la restauration des mouvements de flexion/extension du genou.

Du point de vue théorique, nous avons déjà entamé l'intégration de l'eort humain dans le schéma de commande de manière à réaliser une collaboration maître/esclave entre l'orthèse et le sujet portant l'orthèse. Le couple d'assistance fourni par l'orthèse doit être adapté en fonction du degré de rétablissement pour la réalisation d'une tâche précise.

La prochaine étape consiste à poursuivre le travail engagé sur la ré-autonomisation des mouvements assis-debout-assis en reformulant le modèle dynamique du système. Il s'agit ici de contrôler le couple d'assistance au niveau de l'articulation du genou, en tenant compte des eets dynamiques des autres articulations et des eorts de contact avec le sol. Outre les propriétés de précision et de robustesse, les commandes proposées doivent assurer la stabilité du sujet en tenant compte de sa posture.

A moyen et long terme, l'objectif est d'étendre les travaux proposés dans cette thèse à un exosquelette à trois degrés de liberté agissant au niveau des articulations de la cheville, du genou et de la hanche.

Annexe A

Commande de l'orthèse (matériel et logiciel)

L'architecture matérielle de l'orthèse est composée d'un ordinateur sur le quel est embarquée une carte dSPACE de type DS 1103, d'une interface de puissance, de capteurs et du robot portable (orthèse). La carte dSPACE DS 1103 possède un noyau temps réel capable de gérer tout le système de commande. Elle assure la liaison entre le robot portable et le PC. Ce dernier fonctionne sous le système d'exploitation "Windows Xp". Matlab/Simulink et ControlDesk servant pour implémenter les schémas de commande. Un schéma bloc de cette architecture est donné par la figure A.1.

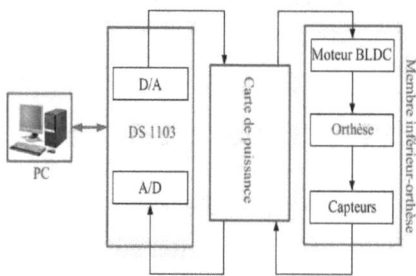

Figure A.1 : Schéma bloc du système de commande de l'orthèse.

A.1 Couche de commande et gestion des capteurs

Cette couche nous ore un moyen pour gérer l'asservissement du mouvement et de la vitesse l'orthèse à partir des informations fournies par les capteurs équipant le corps humain-orthèse. Les fonctions de cette couche sont assurées par une pro-gramme de haut niveau basé sur l'interface Matlab/Simulink.

A.2 Couche modèle

Cette couche nous permet de décrire l'application avec un langage de program-mation de haut niveau et d'accéder à toutes les couches. Elle permet aussi aux utilisateurs de compiler les codes sources ainsi que de générer son exécutable. Ce dernier sera ensuite implanté dans le noyau temps réel de la carte dSPACE DS 1103 pour gérer toute l'application.

A.3 Couche superviseur

Le noyau temps réel de la carte dSPACE DS 1103 est capable de superviser plu-sieurs tâches telles que les tâches de contrôle pour gérer les événements, les tâches de reprise pour relancer la commande selon la situation, les tâches de rapport pour collecter les messages issus des diérents composants de l'application. Ce noyau est également capable de gérer les tâches de décision.

A.4 Carte dSPACE DS 1103

La carte dSPACE (figure A.2) est embarquée sur le PC. Elle est très utilisée dans le domaine de contrôle de robots en temps réel car elle ore une sélection complète d'interface d'E/S, de convertisseurs A/N-N/A et d'une interface de gestion des capteurs.

Les caractéristiques techniques de cette carte sont données comme suit :

– PowerPC 604e à 400 MHz,

– 2Mo SRAM locale,

– 32 Mo ou 128 Mo DRAM globale,

– 16 canaux A/D, 16 bits,

– 4 canaux A/D, 12 bits,

– 8 canaux D/A, 14 bits,

– Interface de capteurs inductifs de vitesse moteur (7 entrées),

– 32 canaux d'E/S numériques, programmables en groupes de 8 bits,

– Interface série,

– Interface CAN,

– Génération PWM simples et triphasés,

– 4 entrées de capture,

– 2 unités ADC, chacune avec 8 entrées, 10 bits,

– E/S numériques 18 bits.

Figure A.2 : Carte DSPace DS1103.

Annexe B

Étude complémentaire du système membre inférieur-orthèse

B.1   Poursuite d'un signal carré

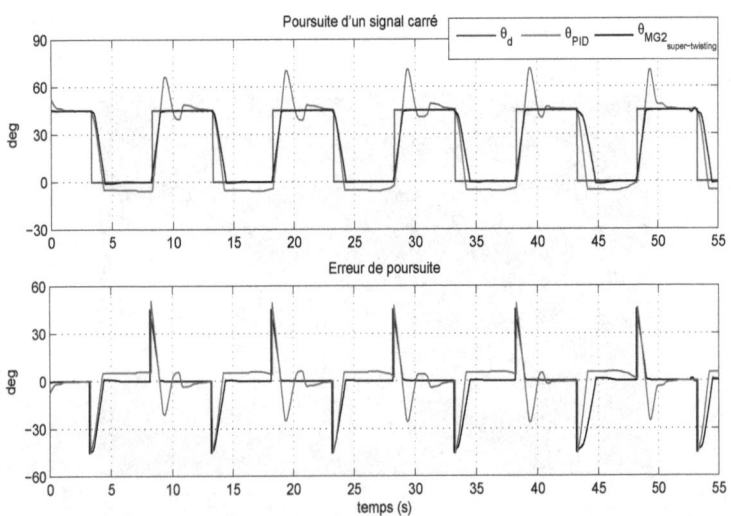

Figure B.1 : Comparaison entre contrôleur par modes glissants d'ordre deux-super twisting et le PID pour la poursuite d'un signal carré

B.2 Trajectoire composée

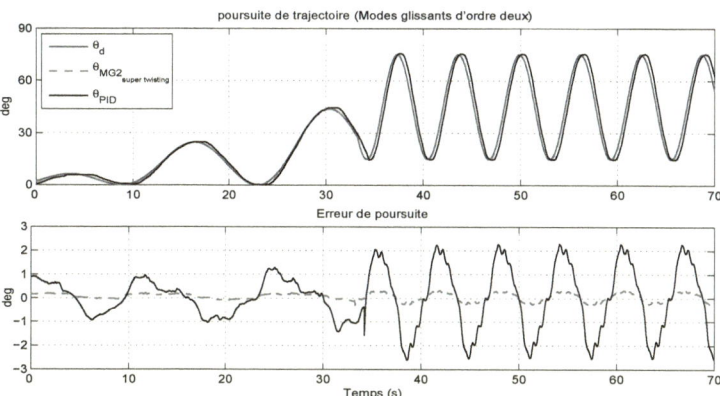

Figure B.2 : Comparaison entre contrôleur par modes glissants d'ordre deux-super twisting et le PID pour la poursuite d'une trajectoire composée avec les modes glissants d'ordre 2-super twisting.

B.3 Poursuite d'un signal triangulaire

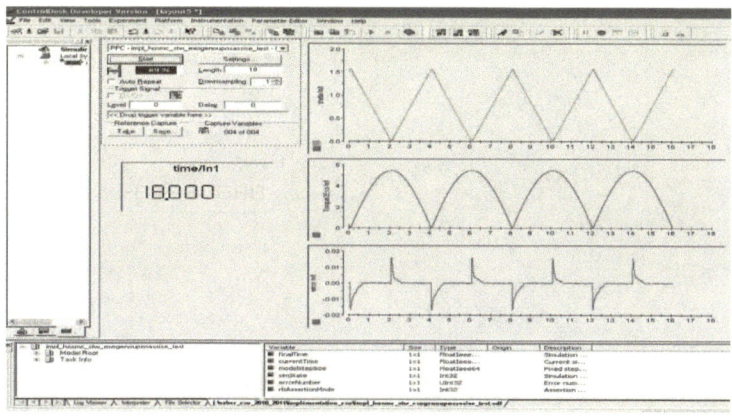

Figure B.3 : Poursuite d'un signal triangulaire avec les modes glissants d'ordre 2-super twisting (résultats visualisés sur ControlDesk).

169

Bibliographie

[1] B. Achili, B. Daachi, A. Ali-Cherif, and Y. Amirat. A robust neural adaptive force controller for a c5 parallel robot. In *IEEE International Conference on Advanced Robotics*, pages 1–6, 2009.

[2] K. Amundson, J. Raade, N. Harding, and H. Kazerooni. Hybrid hydraulic-electric power unit for field and service robots. In *IEEE/RSJ International Conference on Intelligent Robots and Systems*, pages 3453–3458, 2005.

[3] C.H. An, C.G. Atkeson, and J.M. Hollerbach. Estimation of inertial parameters of rigid body links of manipulators. In *IEEE Conference on Decision and Control*, volume 24, pages 990–995, 1985.

[4] B. Armstrong, O. Khatib, and J. Burdick. The explicit dynamic model and inertial parameters of the puma 560 arm. In *IEEE International Conference on Robotics and Automation*, volume 3, pages 510–518, 1986.

[5] K.J. Astrom and B. Wittenmark. *Adaptive control*. Addison-Wesley Longman Publishing, 1994.

[6] C.G. Atkeson, C.H. An, and J.M. Hollerbach. Estimation of inertial parameters of manipulator loads and links. In *The International Journal of Robotics Research*, volume 5, pages 101–119, 1986.

[7] R. Baker. Pelvic angles : a mathematically rigorous definition which is consistent with a conventional clinical understanding of the terms. In *Gait & posture*, volume 13, pages 1–6, 2001.

[8] S.K. Banala and S.K. Agrawal. Gait rehabilitation with an active leg orthosis. In *ASME International Design Engineering Technical Conferences and Computers and Information in Engineering Conference*, 2005.

[9] S.K. Banala, A. Kulpe, and S.K. Agrawal. A powered leg orthosis for gait rehabilitation of motor-impaired patients. In *IEEE International Conference on Robotics and Automation*, pages 4140–4145, 2007.

[10] G. Bartolini, A. Ferrara, and E. Usani. Chattering avoidance by second-order sliding mode control. In *IEEE Transactions on Automatic control*, volume 43, pages 241–246, 1998.

[11] G. Bartolini, A. Pisano, E. Punta, and E. Usai. "a survey of applications of second-order sliding mode control to mechanical systems". In *International Journal of Control*, volume 76, pages 875–892, 2003.

[12] G. Bartolini, A. Pisano, E. Usai, and A. Levant. "on the robust stabilization of nonlinear uncertain systems with incomplete state availability". In *Journal of Dynamic Systems, Measurement, and Control*, volume 122, page 738, 2000.

[13] L. Beji. *Modélisation, identification et commande d'un robot parallèle*. PhD thesis, 1997.

[14] G. Belforte, L. Gastaldi, and M. Sorli. Pneumatic active gait orthosis. *Mechatronics*, 11(3) :301–323, 2001.

[15] C.M. Bishop et al. Neural networks for pattern recognition. 1995.

[16] J.A. Blaya and H. Herr. Adaptive control of a variable-impedance ankle-foot orthosis to assist drop-foot gait. *IEEE Transactions on Neural Systems and Rehabilitation Engineering*, 12(1) :24–31, 2004.

[17] R. Bogue. Exoskeletons and robotic prosthetics : a review of recent developments. *Industrial Robot : An International Journal*, 36(5) :421–427, 2009.

[18] I. Boiko, L. Fridman, R. Iriarte, A. Pisano, and E. Usai. Parameter tuning of second-order sliding mode controllers for linear plants with dynamic actuators. *Automatica*, 42(5) :833–839, 2006.

[19] S. Bouisset. *Biomécanique et physiologie du mouvement*. Elsevier Masson, 2002.

[20] S. Bouisset and B. Maton. Muscles, posture et mouvement. *Bases et applications de la mèthode èlectromyographique. Paris : Hermann*, 1995.

[21] M. Bouri and D. Thomasset. Contribution à la commande non linéaire par mode de glissement application aux actionneurs electropneumatiques. 1997.

[22] AMJ Bull and A Amis. Knee joint motion : description and measurement. *Proceedings of the Institution of Mechanical Engineers, Part H : Journal of Engineering in Medicine*, 212(5) :357–372, 1998.

[23] G. Calafiore and L. El Ghaoui. Robust maximum likelihood estimation in the linear model. *Automatica*, 37(4) :573–580, 2001.

[24] C. Cazeau. Faut-il s'intéresser à la bipèdie ? analyse anatomique et biomécanique dans diverses classes animales. utilitè pour la recherche de la phylogènie humaine. *Maîtrise Orthopèdique, Juin*, (155), 2006.

[25] R.H.R. Check. Exoskeleton helps ucb student walk for graduation : Disability justice or cyborg fantasy ? 2011.

[26] C.K. Cheng, H.H. Chen, C.S. Chen, C.L. Lee, and C.Y. Chen. Segment inertial properties of chinese adults determined from magnetic resonance imaging. *Clinical biomechanics*, 15(8) :559–566, 2000.

[27] A. Chu, H. Kazerooni, and A. Zoss. On the biomimetic design of the berkeley lower extremity exoskeleton (bleex). In *IEEE International Conference on Robotics and Automation*, pages 4345–4352. IEEE, 2005.

[28] S.R. Chu, R. Shoureshi, and M. Tenorio. Neural networks for system identification. *IEEE Control Systems Magazine*, 10(3) :31–35, 1990.

[29] C.E. Clauser, J.T. McConville, and J.W. Young. Weight, volume, and center of mass of segments of the human body. Technical report, DTIC Document, 1969.

[30] G.L. Cobb. Walking motion, August 6 1935. US Patent 2,010,482.

[31] G. Colombo, M. Joerg, R. Schreier, V. Dietz, et al. Treadmill training of paraplegic patients using a robotic orthosis. *Journal of rehabilitation research and development*, 37(6) :693–700, 2000.

[32] N. Costa, M. Bezdicek, M. Brown, J.O. Gray, D.G. Caldwell, and S. Hutchins. Joint motion control of a powered lower limb orthosis for rehabilitation. *International Journal of Automation and Computing*, 3(3) :271–281, 2006.

175

[33] M. Daemi and B. Heimann. Identification and compensation of gear friction for modeling of robots. pages 89–96, 1996.

[34] P. De Leva. Adjustments to zatsiorsky-seluyanov's segment inertia parameters. *Journal of biomechanics*, 29(9) :1223–1230, 1996.

[35] S.L. Delp, F.C. Anderson, A.S. Arnold, P. Loan, A. Habib, C.T. John, E. Guendelman, and D.G. Thelen. Opensim : open-source software to create and analyze dynamic simulations of movement. *IEEE Transactions on Biomedical Engineering*, 54(11) :1940–1950, 2007.

[36] W.T. Dempster. Space requirements of the seated operator. *WADC Technical Report 55159*, (WADC-55-159, AD-087-892) :55–159, 1955.

[37] D. d'Helsinki. L'histoire de la genèse de la loi huriet-sérusclat de décembre 1988. *Med Sci (Paris)*, 24 :323–327, 2008.

[38] A.M. Dollar and H. Herr. Lower extremity exoskeletons and active orthoses : Challenges and state-of-the-art. *IEEE Transactions on Robotics*, 24(1) :144–158, 2008.

[39] B. Draženović. The invariance conditions in variable structure systems. *Automatica*, 5(3) :287–295, 1969.

[40] S. V. Emelianov. *Variable Structure Control Systems*. Mosco, 1967.

[41] SV Emel'Yanov, SK Korovin, and LV Levantovskii. Higher-order sliding modes in binary control systems. In *Sov. Phys. Doklady.*, volume 31, pages 291–293, 1986.

[42] SV Emelyanov, SK Korovin, and LV Levantovskiy. A drift algorithm in control of uncertain processes. *Prob. Control Info. Theory*, 15(6) :425–438, 1986.

[43] M. Fairley. I, robot. *The O&P EDGE*, 8 :22–32, 2009.

[44] P. Filippi. Device for the automatic control of the articulation of the knee applicable to a prosthesis of the thigh, December 15 1942. US Patent 2,305,291.

[45] A.F. Filippov. On some problems of optimal control theory. *Vestnik Moskowskovo Universiteta, Math*, 2 :25–32, 1958.

[46] A.F. Filippov. Dierential equations with discontinuous right-hand side. *Matematicheskii sbornik*, 93(1) :99–128, 1960.

[47] A.F. Filippov and FM Arscott. *Differential equations with discontinuous right-hand sides*, volume 18. Springer, 1988.

[48] AG Filippov. Application of the theory of dierential equations with discontinuous right-hand sides to non-linear problems in automatic control. In *1st IFAC congress*, pages 923–925, 1960.

[49] C. Fleischer and G. Hommel. Embedded control system for a powered leg exoskeleton. *Embedded Systems-Modeling, Technology, and Applications*, pages 177–185, 2006.

[50] C. Fleischer, C. Reinicke, and G. Hommel. Predicting the intended motion with emg signals for an exoskeleton orthosis controller. In *International Conference on Intelligent Robots and Systems*, pages 2029–2034. IEEE, 2005.

[51] R. Fletcher. Practical methods of optimization : Vol. 2 : Constrained optimization. *Wiley John & Sons Inc in Somerset*, 1981.

[52] L. Fridman and A. Levant. Higher order sliding modes. *Sliding mode control in engineering*, 11 :53–102, 2002.

[53] K. Furuta. Sliding mode control of a discrete system. *Systems & Control Letters*, 14(2) :145–152, 1990.

[54] E. Garcia, J.M. Sater, and J. Main. Exoskeletons for human performance augmentation (ehpa) : A program summary. *Journal-Robotics Society Of Japan*, 20(8) :44–48, 2002.

[55] H. Gaudin. *Contribution à l'identification in situ des constantes d'inertie et des lois de frottement articulaire d'un robot manipulateur en vue d'une application expérimentale au suivi de trajectoires optimales*. PhD thesis, 1992.

[56] M. Gautier. Numerical calculation of the base inertial parameters of robots. *Journal of Robotic Systems*, 8(4) :485–506, 1991.

[57] M. Gautier and W. Khalil. Direct calculation of minimum set of inertial parameters of serial robots. *IEEE Transactions on Robotics and Automation*, 6(3) :368–373, 1990.

[58] M. Gautier and W. Khalil. Exciting trajectories for the identification of base

inertial parameters of robots. *The International journal of robotics research*, 11(4) :362–375, 1992.

[59] M. Gautier and W. Khalil. *IC2 : Analyse et modélisation des robots manipulateurs*. Hermès Lavoisier, 2002.

[60] M. Gautier, W. Khalil, and PP Restrepo. Identification of the dynamic parameters of a closed loop robot. In *IEEE International Conference on Robotics and Automation*, volume 3, pages 3045–3050. IEEE, 1995.

[61] M. Gautier and P. Poignet. Extended kalman filtering and weighted least squares dynamic identification of robot. *Control Engineering Practice*, 9(12) :1361–1372, 2001.

[62] KE Gilbert. Exoskeleton prototype project : Final report on phase i. *General Electric Company, Schenectady, NY, GE Tech. Rep. S-67-1011*, 1967.

[63] R. Grasso, Y.P. Ivanenko, M. Zago, M. Molinari, G. Scivoletto, V. Castellano, V. Macellari, and F. Lacquaniti. Distributed plasticity of locomotor pattern generators in spinal cord injured patients. *Brain*, 127(5) :1019–1034, 2004.

[64] S. Gregory, D. Antoinette, and F. Daniel. The eects of powered ankle-foot orthoses on joint kinematics and muscle activation during walking in individuals with incomplete spinal cord injury. *Journal of NeuroEngineering and Rehabilitation*, 3, 2006.

[65] PF Groshaw. Hardiman i arm test, hardiman i prototype. *General Electric Report S-70-1019, General Electric Co., Schenectady, NY*, 1969.

[66] M. Grotjahn and B. Heimann. Determination of dynamic parameters of robots by base sensor measurements. In *Proceedings of the sixth IFAC Symposium on Robot Control (SYROCO)*, 2000.

[67] J. Grundmann and A. Seireg. Computer control of multi-task exoskeleton for paraplegics. In *Proceedings of the Second CISM/IFTOMM International Symposium on the Theory and Practice of Robots and Manipulators*, pages 233–240, 1977.

[68] G. Guillaume et al. Mémoire de sciences et d'ingénierie du sport sur les mé-

thodes de renforcement musculaire sur les performances musculaires et aéro-
bies. *Publications Oodoc. com*, 2009.

[69] E. Guizzo and H. Goldstein. The rise of the body bots [robotic exoskeletons].
Spectrum, IEEE, 42(10) :50–56, 2005.

[70] I.J. Ha, M.S. Ko, and SK Kwon. An ecient estimation algorithm for the
model parameters of robotic manipulators. *IEEE Transactions on Robotics
and Automation*, 5(3) :386–394, 1989.

[71] A. Haddadi and K. Hashtrudi-Zaad. A new online identification method for
linear time-varying systems. In *American Control Conference*. IEEE, 2008.

[72] A. Haddadi and K. Hashtrudi-Zaad. A new robust stability analysis and
design tool for bilateral teleoperation control systems. In *IEEE International
Conference on Robotics and Automation*, pages 663–670. IEEE, 2008.

[73] A. Haddadi and K. Hashtrudi-Zaad. Online contact impedance identification
for robotic systems. In *IEEE/RSJ International Conference on Intelligent
Robots and Systems*, pages 974–980. IEEE, 2008.

[74] S. Hajri. *Commande dynamique par mode glissant : application à la robustifi-
cation des processus complexes*. PhD thesis, 1997.

[75] R. Ham, T. Sugar, B. Vanderborght, K. Hollander, and D. Lefeber. Compliant
actuator designs. *IEEE Robotics & Automation Magazine*, 16(3) :81–94, 2009.

[76] H. Harbeau, J. Fung, A. Leroux, and M. Ladouceur. A review of the adap-
tability and recovery of locomotion after spinal cord injury. *Progress in brain
research*, 137 :9–25, 2002.

[77] T. Hayashi, H. Kawamoto, and Y. Sankai. Control method of robot suit hal
working as operator's muscle using biological and dynamical information. In
IEEE/RSJ International Conference on Intelligent Robots and Systems, pages
3063–3068. IEEE, 2005.

[78] S. Haykin and N. Network. A comprehensive foundation. *Neural Networks*, 2,
2004.

[79] D.O. Hebb. *The organization of behavior : A neuropsychological theory*. Law-
rence Erlbaum, 2002.

[80] R.A. Heinlein. Starship troopers. 1959. *New York : Ace*, 1987.

[81] S. Hesse, D. Uhlenbrock, et al. A mechanized gait trainer for restoration of gait. *Journal of rehabilitation research and development*, 37(6) :701–708, 2000.

[82] AV Hill. The heat of shortening and the dynamic constants of muscle. *Proceedings of the Royal Society of London. Series B, Biological Sciences*, 126(843) :136–195, 1938.

[83] G.E. Hinton, T.J. Sejnowski, and D.H. Ackley. Boltzmann machines : Constraint satisfaction networks that learn. *Cognitive Science*, 9 :147–169, 1984.

[84] HF Ho, YK Wong, and AB Rad. Adaptive fuzzy sliding mode control with chattering elimination for nonlinear siso systems. *Simulation Modelling Practice and Theory*, 17(7) :1199–1210, 2009.

[85] AG Hocoma. Armeo®-functional upper extremity rehabilitation, 2008.

[86] J.J. Hopfield. Neural networks and physical systems with emergent collective computational abilities. *Proceedings of the national academy of sciences*, 79(8) :2554, 1982.

[87] D. Hristic, M. Vukobratovic, and M. Timotijevic. New model of autonomous' active suit'for distrophic patients. In *International Symposium on External Control of Human Extremities*, pages 33–42, 1981.

[88] B. Hudgins, P. Parker, and R.N. Scott. A new strategy for multifunction myoelectric control. *Biomedical Engineering, IEEE Transactions on*, 40(1) :82–94, 1993.

[89] H. Hugh. Exoskeletons and orthoses : classification, design challenges and future directions. In *Journal of NeuroEngineering and Rehabilitation*, volume 6, 2009.

[90] A. Isidori. *Nonlinear control systems*. Springer-Verlag New York, Inc., 1997.

[91] W. James, F. Burkhardt, and I.K. Skrupskelis. *The principles of psychology*, volume 1. Harvard Univ Pr, 1981.

[92] P. Jaspers, L. Peeraer, W. Van Petegem, and G. Van der Perre. The use of

an advanced reciprocating gait orthosis by paraplegic individuals : a follow-up study. *Spinal Cord*, 35(9) :585–589, 1997.

[93] E.S. JEAN-JACQUES. Sliding controller design for non-linear systems. *International Journal of control*, 40(2) :421–434, 1984.

[94] S. Jezernik, R.G.V. Wassink, and T. Keller. Sliding mode closed-loop control of fes controlling the shank movement. *IEEE Transactions on Biomedical Engineering*, 51(2) :263–272, 2004.

[95] I.A. Kapandji. Physiologie articulaire. membre inferieur : La hanche, le genou, la cheville, le pied, la voûte plantaire. *Edition S.A. Maloine*, 1985.

[96] JA Kapandji. Physiologie articulaire fascicule 2 : Membre inférieur. 2001.

[97] H. Kawamoto and Y. Sankai. Power assist system hal-3 for gait disorder person. *Computers helping people with special needs*, pages 19–29, 2002.

[98] H. Kazerooni, J.L. Racine, L. Huang, and R. Steger. On the control of the berkeley lower extremity exoskeleton (bleex). In *IEEE International Conference on Robotics and Automation*, pages 4353–4360. IEEE, 2005.

[99] H. Kazerooni and R. Steger. The berkeley lower extremity exoskeleton. *Journal of dynamic systems, measurement, and control*, 128 :14, 2006.

[100] Dombre E. Khalil, W. *Modélisation, identification et commande des robots*. Hermès Science Publications, Paris, 1999.

[101] H.K. Khalil and JW Grizzle. *Nonlinear systems*. Macmillan Publishing Company New York, 1992.

[102] W. Khalil and D. Creusot. Symoro+ : a system for the symbolic modelling of robots. *Robotica*, 15(2) :153–161, 1997.

[103] W. Khalil and E. Dombre. *Modeling, identification & control of robots*. Butterworth-Heinemann, 2004.

[104] K. Kiguchi, T. Tanaka, and T. Fukuda. Neuro-fuzzy control of a robotic exoskeleton with emg signals. *Fuzzy Systems, IEEE Transactions on*, 12(4) :481–490, 2004.

[105] K. Kim, E. Whang, C.W. Park, E. Kim, and M. Park. A tsk fuzzy inference algorithm for online identification. *Fuzzy Systems and Knowledge Discovery*, pages 478–479, 2005.

[106] R. Kobetic, C.S. To, J.R. Schnellenberger, M.L. Audu, T.C. Bulea, R. Gaudio, G. Pinault, S. Tashman, and RJ Triolo. Development of hybrid orthosis for standing, walking, and stair climbing after spinal cord injury. *Journal of Rehabilitation Research and Development*, 46(3) :447–462, 2009.

[107] T. Kohonen. An introduction to neural computing. *Neural networks*, 1(1) :3–16, 1988.

[108] T. Kohonen. The'neural'phonetic typewriter. *Computer*, 21(3) :11–22, 1988.

[109] P. Konrad. The abc of emg. *A Practical Introduction to Kinesiological Electromyography*, 1, 2005.

[110] B. Kosko and J.C. Burgess. Neural networks and fuzzy systems. *The Journal of the Acoustical Society of America*, 103 :3131, 1998.

[111] K. Kozlowski. *Modelling and identification in robotics*. Springer, 1998.

[112] T. Kroger, D. Kubus, and F.M. Wahl. 12d force and acceleration sensing : A helpful experience report on sensor characteristics. In *IEEE International Conference on Robotics and Automation*, pages 3455–3462. IEEE, 2008.

[113] D. Kubus, T. Kroger, and F. Wahl. Estimating inertial load parameters using force-torque and acceleration sensor fusion. *Vdibericht*, 2012 :29, 2008.

[114] D. Kubus, T. Kroger, and F.M. Wahl. On-line rigid object recognition and pose estimation based on inertial parameters. In *IEEE/RSJ International Conference on Intelligent Robots and Systems*, pages 1402–1408. IEEE, 2007.

[115] S. Labiod and T.M. Guerra. Adaptive fuzzy control of a class of siso nonane nonlinear systems. *Fuzzy Sets and Systems*, 158(10) :1126–1137, 2007.

[116] M. Lamontagne. *Développement méthodologique pour la mesure in vivo de la tension du tendon rotulien chez l'humain*. 1987.

[117] S. Lee and Y. Sankai. Power assist control for walking aid with hal-3 based on emg and impedance adjustment around knee joint. In *IEEE/RSJ International*

Conference on Intelligent Robots and Systems, volume 2, pages 1499–1504. Ieee, 2002.

[118] H.C. Leeds and M.G. Ehrlich. Instability of the distal tibiofibular syndesmosis after bimalleolar and trimalleolar ankle fractures. *Journal of bone and joint surgery. American volume*, 66(4) :490–503, 1984.

[119] M. Lefran͵cois, P. et Marie-Michèle. Anatomie des articulations : notions de base. 2004.

[120] A. Leroy, G. Pierron, G. Peninou, M. Dufour, H. Neiger, and C. Genot. Kinésithérapie membre supérieur. *Bilans, techniques passives et actives. Paris : Flammarion*, 1986.

[121] J. Lessertisseur and R. Saban. Squelette appendiculaire. *Traité de zoologie*, 16 :709–1078, 1967.

[122] J.Y. Lettvin, H.R. Maturana, W.S. McCulloch, and W.H. Pitts. What the frog's eye tells the frog's brain. *Proceedings of the IRE*, 47(11) :1940–1951, 1959.

[123] A. Levant. Sliding order and sliding accuracy in sliding mode control. *International journal of control*, 58(6) :1247–1263, 1993.

[124] K. Levenberg. A method for the solution of certain non-linear problems in least squares. *Quartely Journal of Applied Mathematics II*, 2(2) :164–168, 1944.

[125] D.G. Lloyd and T.F. Besier. An emg-driven musculoskeletal model to estimate muscle forces and knee joint moments in vivo. *Journal of biomechanics*, 36(6) :765–776, 2003.

[126] L. Lucas, M. DiCicco, and Y. Matsuoka. An emg-controlled hand exoskeleton for natural pinching. *Journal of Robotics and Mechatronics*, 16 :482–488, 2004.

[127] L. Lünenburger, M. Bolliger, D. Czell, R. Müller, and V. Dietz. Modulation of locomotor activity in complete spinal cord injury. *Experimental brain research*, 174(4) :638–646, 2006.

[128] J. Mantone. Getting a leg up ? rehab patients get an assist from devices such as healthsouth's autoambulator, but the robots' clinical benefits are still in doubt. *Modern healthcare*, 36(7) :58, 2006.

[129] E. Marieb. Anatomie et physiologie humaine. *Revue de l'education Physique*, 40(1) :46–46, 2000.

[130] E. Marieb. Biologie humaine : principes d'anatomie & de physiologie. *Recherche*, 67 :02, 2008.

[131] E.N. Marieb. Anatomie et physiologie humaines : adaptation de la 6 e édition américaine. *Edition Pearson éducation*, pages 1011–10115, 2005.

[132] D.W. Marquardt. An algorithm for least-squares estimation of nonlinear parameters. *Journal of the Society for Industrial & Applied Mathematics*, 11(2) :431–441, 1963.

[133] H. Mayeda, K. Yoshida, and K. Osuka. Base parameters of manipulator dynamic models. *IEEE Transactions on Robotics and Automation*, 6(3) :312–321, 1990.

[134] WW Mayol, BJ Tordo, and DW Murray. Wearable visual robots. *Personal and Ubiquitous Computing*, 6(1) :37–48, 2002.

[135] W.S. McCulloch and W. Pitts. A logical calculus of the ideas immanent in nervous activity. *Bulletin of mathematical biology*, 5(4) :115–133, 1943.

[136] S. Mefoued, M.E. Daachi, B. Daachi, S. Mohammed, and Y. Amirat. A robust adaptive neural controller to drive a knee joint actuated orthosis. In *IEEE International Conference on Robotics and Biomimetics*, pages 1656–1661, 2012.

[137] S. Mefoued, S. Mohammed, and Y. Amirat. Knee joint movement assistance through robust control of an actuated orthosis. In *IEEE/RSJ International Conference on Intelligent Robots and Systems*, pages 1749–1754, 2011.

[138] S. Mefoued, S. Mohammed, and Y. Amirat. Commande robuste d'un robot portable pour l'assistance aux mouvements des membres inférieurs d'un sujet humain. In *7ème Conférence Internationale Francophone d'Automatique (CIFA), Grenoble-France*, pages 671–676, 2012.

[139] S. Mefoued, S. Mohammed, and Y. Amirat. Toward movement restoration of knee joint using robust control of powered orthosis. In *IEEE Transactions on Control Systems Technology*, 2012.

[140] S. Mefoued, S. Mohammed, Y. Amirat, and G. Fried. Sit-to-stand movement assistance using an actuated knee joint orthosis. In *4th IEEE RAS & EMBS International Conference on Biomedical Robotics and Biomechatronics (BioRob)*, pages 1753–1758. IEEE, 2012.

[141] E. Mikołajewska and D. Mikołajewski. Exoskeletons in neurological diseases-current and potential future applications. *Adv Clin Exp Med*, 20(2) :227–233, 2011.

[142] R. Miller and RJ Beninger. On the interpretation of asymmetries of posture and locomotion produced with dopamine agonists in animals with unilateral depletion of striatal dopamine. *Progress in neurobiology*, 36(3) :229–256, 1991.

[143] N.J. Mizen. Powered exoskeletal apparatus for amplifying human strength in response to normal body movements, June 17 1969. US Patent 3,449,769.

[144] JA Moore. Pitman : A powered exoskeleton suit for the infantryman. *Los Alamos Nat. Lab., Los Alamos, NM, Tech. Rep. LA-10761-MS*, 1986.

[145] R.S. Mosher and Society of Automotive Engineers. *Handyman to hardiman*. Society of Automotive Engineers, 1967.

[146] J.H. Murphy. Leg brace, November 6 1951. US Patent 2,573,866.

[147] A. Naditz. New frontiers : telehealth innovations of 2010. *Telemedicine journal and e-health : the official journal of the American Telemedicine Association*, 16(10) :986, 2010.

[148] K.S. Narendra and K. Parthasarathy. Identification and control of dynamical systems using neural networks. *Neural Networks, IEEE Transactions on*, 1(1) :4–27, 1990.

[149] D. Nauck, F. Klawonn, and R. Kruse. *Foundations of neuro-fuzzy systems*. John Wiley & Sons, Inc., 1997.

[150] P. Gosselin Neiger, H. Les étirements musculaires analytiques manuels. techniques passives. *Edition S.A. Maloine*, 1998.

[151] J. Nikitczuk, B. Weinberg, and C. Mavroidis. Control of electro-rheological fluid based resistive torque elements for use in active rehabilitation devices. *Smart Materials and Structures*, 16 :418, 2007.

[152] R. Orchardson. Human physiology : The basis of medicine. *British Dental Journal*, 197(2) :106–106, 2004.

[153] R. Palm. Sliding mode fuzzy control. In *Fuzzy Systems, 1992., IEEE International Conference on*, pages 519–526. IEEE, 1992.

[154] C.W. Park, J. Lee, M. Park, and M. Park. Fuzzy model based environmental stiness identification in stable force control of a robot manipulator. *Modeling Decisions for Artificial Intelligence*, pages 249–258, 2005.

[155] J.H. Park, S.J. Seo, and G.T. Park. Robust adaptive fuzzy controller for nonlinear system using estimation of bounds for approximation errors. *Fuzzy Sets and Systems*, 133(1) :19–36, 2003.

[156] T.C. Pataky, V.M. Zatsiorsky, and J.H. Challis. A simple method to determine body segment masses in vivo : reliability, accuracy and sensitivity analysis. *Clinical Biomechanics*, 18(4) :364–368, 2003.

[157] M.J. Pavol, T.M. Owings, and M.D. Grabiner. Body segment inertial parameter estimation for the general population of older adults. *Journal of biomechanics*, 35(5) :707–712, 2002.

[158] W.S. Pease and H.L. Lew. Johnson's practical electromyography. *Recherche*, 67 :02, 2005.

[159] W. Perruquetti and J.P. Barbot. *Sliding mode control in engineering*, volume 11. CRC, 2002.

[160] K. Peter. the abc of emg. *A practical introduction to kinesiological Electromyography, version*, 1, 2005.

[161] F. Pfeier and J. Holzl. Parameter identification for industrial robots. In *IEEE International Conference on Robotics and Automation*, volume 2, pages 1468–1476. IEEE, 1995.

[162] M.T Pham. Identification of joint stiness with bandpass filtering. In *Contribution à la modélisation, l'identification et la commande de systèmes mécaniques à flexibilités localisées : Application à des axes de machines-outils rapides*. PhD thesis, Ecole Centrale de Nantes, Université de Nantes, 2002.

[163] M.T. Pham, M. Gautier, and P. Poignet. Identification of joint stiness with bandpass filtering. In *IEEE International Conference on Robotics and Automation*, volume 3, pages 2867–2872. IEEE, 2001.

[164] J.L. Pons. *Wearable robots : biomechatronic exoskeletons*, volume 70. Wiley Online Library, 2008.

[165] G.A. Pratt and M.M. Williamson. Series elastic actuators. In *IEEE/RSJ International Conference on Intelligent Robots and Systems*, volume 1, pages 399–406. IEEE, 1995.

[166] J.E. Pratt, B.T. Krupp, C.J. Morse, and S.H. Collins. The roboknee : an exoskeleton for enhancing strength and endurance during walking. In *IEEE International Conference on Robotics and Automation*, volume 3, pages 2430–2435. IEEE, 2004.

[167] C. Presse and M. Gautier. New criteria of exciting trajectories for robot identification. In *IEEE International Conference on Robotics and Automation*, pages 907–912. IEEE, 1993.

[168] D.J. Reinkensmeyer, D. Aoyagi, J.L. Emken, J.A. Galvez, W. Ichinose, G. Kerdanyan, S. Maneekobkunwong, K. Minakata, J.A. Nessler, R. Weber, et al. Tools for understanding and optimizing robotic gait training. *Journal of rehabilitation research and development*, 43(5) :657, 2006.

[169] J. Richalet. *Pratique de l'identification*. Traité des nouvelles technologies, Hermès, Paris, 1991.

[170] I. Robert-Bobée. principal : Projections de population pour la france métropolitaine à l'horizon 2050 : la population continue de croître et le vieillissement se poursuit. 2011.

[171] Y. Saito, K. Kikuchi, H. Negoto, T. Oshima, and T. Haneyoshi. Development of externally powered lower limb orthosis with bilateral-servo actuator. In *International Conference on Rehabilitation Robotics*, pages 394–399. IEEE, 2005.

[172] S. Sastry and M. Bodson. *Adaptive control : stability, convergence, and robustness*. Prentice-Hall, Inc., 1989.

[173] S. Schaal and C.G. Atkeson. Constructive incremental learning from only local information. *Neural Computation*, 10(8) :2047–2084, 1998.

[174] A. Seireg and JG Grundmann. Design of a multitask exoskeletal walking device for paraplegics. *Biomechanics of Medical Devices*, pages 569–644, 1981.

[175] H. Sira-Ramirez. On the dynamical sliding mode control of nonlinear systems. *International Journal of Control*, 57(5) :1039–1061, 1993.

[176] J. Sjöberg, H. Hjalmarsson, and L. Ljung. Neural networks in system identification. 1994.

[177] J.J.E. Slotine. The robust control of robot manipulators. *The International Journal of Robotics Research*, 4(2) :49–64, 1985.

[178] J.J.E. Slotine, W. Li, et al. *Applied nonlinear control*, volume 199. Prentice-Hall Englewood Clis, NJ, 1991.

[179] S.D. Stan, M. Manic, V. Maties, and R. Balan. Evolutionary approach to optimal design of 3 dof translation exoskeleton and medical parallel robots. In *Conference on Human System Interactions*, pages 720–725. IEEE, 2008.

[180] R.B. Stein, PH Peckham, and DB Popovic. Neural prostheses : Replacing motor function after disease or disability. 1992.

[181] S. Stroeve. Learning combined feedback and feedforward control of a musculoskeletal system. *Biological cybernetics*, 75(1) :73–83, 1996.

[182] S. Stroeve. Impedance characteristics of a neuromusculoskeletal model of the human arm i. posture control. *Biological Cybernetics*, 81(5) :475–494, 1999.

[183] J. Swevers, C. Ganseman, D.B. Tukel, J. De Schutter, and H. Van Brussel. Optimal robot excitation and identification. *IEEE Transactions on Robotics and Automation*, 13(5) :730–740, 1997.

[184] D.G. Thelen. Adjustment of muscle mechanics model parameters to simulate dynamic contractions in older adults. *Journal of biomechanical engineering*, 125 :70, 2003.

[185] D.G. Thelen, F.C. Anderson, and S.L. Delp. Generating dynamic simulations of movement using computed muscle control. *Journal of Biomechanics*, 36(3) :321–328, 2003.

[186] S. Tong and H.X. Li. Fuzzy adaptive sliding-mode control for mimo nonlinear systems. *IEEE Transactions on Fuzzy Systems*, 11(3) :354–360, 2003.

[187] G.J. Tortora, B. Derrickson, M. Forest, L. Martin, M.H. Courchesne, C. Ego, and P. Mayer. *Manuel d'anatomie et de physiologie humaines.* De Boeck, 2009.

[188] L.H. Tsoukalas and R.E. Uhrig. *Fuzzy and neural approaches in engineering.* John Wiley & Sons, Inc., 1996.

[189] V. Utkin. Variable structure systems with sliding modes. *IEEE Transactions on Automatic Control*, 22(2) :212–222, 1977.

[190] VI Utkin. On compensation of the forced term of motion in variable-structure control systems. *Iz. AN SSSR Technicheskaya Kibernetika (En russe)*, 4 :169–173, 1965.

[191] VI Utkin. Sliding modes in optimization and control problems. *NY : Springer-Verlag*, 1992.

[192] V.I. Utkin. Sliding mode control design principles and applications to electric drives. *IEEE Transactions on Industrial Electronics*, 40(1) :23–36, 1993.

[193] V.I. Utkin. Sliding mode control. *Variable structure systems : from principles to implementation*, 66 :1, 2004.

[194] A. Valiente. *Design of a quasi-passive parallel leg exoskeleton to augment load carrying for walking.* PhD thesis, Massachusetts Institute of Technology, 2005.

[195] JF Veneman, R. Ekkelenkamp, R. Kruidhof, FCT Van Der Helm, and H. Van Der Kooij. A series elastic-and bowden-cable-based actuation system for use as torque actuator in exoskeleton-type robots. *The international journal of robotics research*, 25(3) :261–281, 2006.

[196] W. Verdonck, J. Swevers, and J.C. Samin. Experimental robot identification : Advantages of combining internal and external measurements and of using periodic excitation. *Journal of Dynamic Systems, Measurement, and Control*, 123 :630, 2001.

[197] J.D. Vigne. *Détermination ostéologique des principaux éléments du squelette appendiculaire d'Arvicola, d'Eliomys, de Glis et de Rattus.* Association pour

la promotion et la diusion des connaissances archéologiques and Centre de recherches archéologiques (APDCA), 1995.

[198] S. Vijayakumar, A. D'souza, T. Shibata, J. Conradt, and S. Schaal. Statistical learning for humanoid robots. *Autonomous Robots*, 12(1) :55–69, 2002.

[199] Borovac B. Surla-D. Vukobratovic, M. and D. Stokic. Biped locomotion : Dynamics stability, control, and application. *New York : Springer-Verlag*, 1990.

[200] M. Vukobratovic, D. Hristic, and Z. Stojiljkovic. Development of active anthro- pomorphic exoskeletons. *Medical and Biological Engineering and Computing*, 12(1) :66–80, 1974.

[201] C.J. Walsh. Biomimetic design of an under-actuated leg exoskeleton for load- carrying augmentation. Technical report, DTIC Document, 2006.

[202] C.J. Walsh, D. Paluska, K. Pasch, W. Grand, A. Valiente, and H. Herr. De- velopment of a lightweight, underactuated exoskeleton for load-carrying aug- mentation. In *IEEE International Conference on Robotics and Automation*, pages 3485–3491. IEEE, 2006.

[203] C.J. Walsh, K. Pasch, and H. Herr. An autonomous, underactuated exoskele- ton for load-carrying augmentation. In *IEEE/RSJ International Conference on Intelligent Robots and Systems*, pages 1410–1415. IEEE, 2006.

[204] L.X. Wang. Adaptive fuzzy systems and control- design and stability analy- sis(book). *Englewood Cliffs, NJ : PTR Prentice Hall, 1994.*, 1994.

[205] B. Weinberg, J. Nikitczuk, S. Patel, B. Patritti, C. Mavroidis, P. Bonato, and P. Canavan. Design, control and human testing of an active knee rehabi- litation orthotic device. In *EEE International Conference on Robotics and Automation,*, pages 4126–4133. Ieee, 2007.

[206] B.M. Wilamowski. Neural networks and fuzzy systems. *chapter*, 32 :33–1, 2002.

[207] D.A. Winter. Biomechanics and motor control of human movement. *John Wiley&Sons, New York.*

[208] D.A. Winter. *Biomechanics and motor control of human movement*. John Wiley & Sons Inc, 2009.

[209] M.H. Woollacott and J.L. Jensen. Posture and locomotion. *Handbook of perception and action*, 2 :333–403, 1996.

[210] N. Yagn. Apparatus for facilitating walking, January 28 1890. US Patent 420,179.

[211] K. Yamamoto, K. Hyodo, M. Ishii, and T. Matsuo. Development of power assisting suit for assisting nurse labor. *JSME International Journal Series C*, 45(3) :703–711, 2002.

[212] K.D. Young, V.I. Utkin, and U. Ozguner. A control engineer's guide to sliding mode control. In *IEEE International Workshop on Variable Structure Systems*, pages 1–14. IEEE, 1996.

[213] L.A. Zadeh. Fuzzy logic, neural networks, and soft computing. *Communications of the ACM*, 37(3) :77–84, 1994.

[214] F.E. Zajac et al. Muscle and tendon : properties, models, scaling, and application to biomechanics and motor control. *Critical reviews in biomedical engineering*, 17(4) :359, 1989.

[215] FE Zajac, EL Topp, and PJ Stevenson. A dimensionless musculotendon model. *Proceedings IEEE Engineering in Medicine and Biology*, pages 26–31, 1986.

[216] S.J. Zaroodny. Bumpusher-a powered aid to locomotion. Technical report, DTIC Document, 1963.

[217] V. Zatsiorsky and V. Seluyanov. The mass and inertia characteristics of the main segments of the human body. *Biomechanics VIII-B*, 56(2) :1152–1159, 1983.

[218] V. Zatsiorsky and V. Seluyanov. Estimation of the mass and inertia characteristics of the human body by means of the best predictive regression equations. *Biomechanics IX-B*, pages 233–239, 1985.

[219] R.W. Zbikowski. Recurrent neural networks : Some control aspects. 1994.

[220] J.F. Zhang, C.J. Yang, Y. Chen, Y. Zhang, and Y.M. Dong. Modeling and

control of a curved pneumatic muscle actuator for wearable elbow exoskeleton. *Mechatronics*, 18(8) :448–457, 2008.

[221] T. Zhang and C. Feng. Adaptive fuzzy sliding mode control for a class of nonlinear systems. *Acta Automatica Sinica*, 23 :361–369, 1997.

[222] A. Zoss, H. Kazerooni, and A. Chu. On the mechanical design of the berkeley lower extremity exoskeleton (bleex). In *IEEE/RSJ International Conference on Intelligent Robots and Systems*, pages 3465–3472. Ieee, 2005.

[223] A.B. Zoss, H. Kazerooni, and A. Chu. Biomechanical design of the berkeley lower extremity exoskeleton (bleex). *IEEE/ASME Transactions on Mechatronics*, 11(2) :128–138, 2006.

MoreBooks!
publishing

Oui, je veux morebooks!

i want morebooks!

Buy your books fast and straightforward online - at one of world's fastest growing online book stores! Environmentally sound due to Print-on-Demand technologies.

Buy your books online at

www.get-morebooks.com

Achetez vos livres en ligne, vite et bien, sur l'une des librairies en ligne les plus performantes au monde!
En protégeant nos ressources et notre environnement grâce à l'impression à la demande.

La librairie en ligne pour acheter plus vite

www.morebooks.fr

VDM Verlagsservicegesellschaft mbH
Heinrich-Böcking-Str. 6-8   Telefon: +49 681 3720 174   info@vdm-vsg.de
D - 66121 Saarbrücken   Telefax: +49 681 3720 1749   www.vdm-vsg.de

Zeitfracht Medien GmbH
Ferdinand-Jühlke-Straße 7
99095 Erfurt, Deutschland
produktsicherheit@kolibri360.de

Druck:
CPI Druckdienstleistungen GmbH
im Auftrag der
Zeitfracht Medien GmbH
Ein Unternehmen der Zeitfracht - Gruppe
Ferdinand-Jühlke-Str. 7
99095 Erfurt